U0034638

經營顧問叢書 ㉖⑧

顧客情報管理技巧

李宗南　蕭智軍　編著

憲業企管顧問有限公司　發行

#《顧客情報管理系統》

序言

所謂顧客情報管理技巧，就是利用數據庫行銷，根據客戶的資訊，包括基本狀況、消費特性、愛好與過去行為方式，找出規律性的東西，與客戶進行充分溝通，進而達到促銷的目的。

您的企業是否正面臨著：更激烈的市場競爭；客戶需要更多的關注和更好的服務；市場行銷資源正在縮減以致到了最低程度；過去的大眾行銷手段已經不再靈驗，客戶化、個性化的行銷活動是大勢所趨；公司越來越關注投資回報率，市場行銷被視爲一種投資……

隨著大眾市場向細分市場的轉變，客戶的購買行爲也越來越難以捉摸。對市場來說，它也從根本上動搖了市場規則。在傳統大眾行銷方式已不能很好地爲企業的銷售和市場戰略服務的時候，尋找新的行銷方法是擺在多數企業面前亟待解決的難題。隨著科技的發展，一種借助現代網路建立起來的數據庫行銷模式正在悄然形成，並且逐漸顯示出傳統行銷模式無法實現的領先優勢，而更多的企業也將目光轉向了具有精益效果的數據庫行銷。

數據庫行銷是針對顧客情報管理系統，在 20 世紀 90 年代興起的行銷形式，包含了關係行銷的觀念，著重於給顧客提供全方位的、持續的服務，從而和市場建立長期穩定的關係；同時和現代資訊技術、網路技術相結合，利用電腦資訊管理系統(MIS)來充分地建設和利用客戶數據庫，並且強大而完善的數據庫是未來網路行銷和電子商務的基礎。它的出現，給傳統行銷手段的變革帶來了希望。

數據庫行銷在歐美等發達國家已經被廣泛運用，而在國內，數據庫行銷卻沒有引起管理者足夠的重視，大多數企業家仍然停留在傳統行銷理論的思路上，以短期的行爲來經營企業。

數據庫行銷在發達國家的企業裏已相當普及，因爲它已經成爲一個企業在新時代建立新的競爭優勢的有力工具。

數據庫的最高法則是「運籌帷幄，決勝千里」。企業從產品策略、定價策略、廣告定位、管道配送、市場評估、遠景規劃都希望是非常有效的。

從客戶檔案中找出最有利潤的回應者之共同點，研究顧客；每運用一次，就是一次新的學習，數據庫的力量就越來越強大；整合顧客與企業之間所有的相關資訊，加強了顧客終生價值對企業品牌的忠誠度；通過數據庫的建立，發展出顧客的長期關係。

企業通過搜集和積累消費者的大量資訊，經過處理後預測消費者有多大可能去購買某種產品，以及利用這些資訊給產品以精確定位，有針對性地製作行銷資訊以達到說服消費者去購買產品的目的，從而實現企業盈利目標。

數據庫行銷對於市場調查、產品的研製開發、定位以及行銷策略的制定、實施與控制起著至關重要的作用；它可以創造新市場、敏銳地發現新市場、維持現有市場，它可以與消費者進行著高效的、可衡量的、雙向的溝通，真正實現了消費者對行銷的指導作用。它可以與顧客保持持久的、甚至是終身的關係來保持和提升企業的短期利潤，實現企業的長期目標。

數據庫行銷被廣泛用於各種類型的企業或產品，如工業品、消費用品；商品化服務、公益事業、器械設備和基金籌措等，它需要一種全新的計劃、預算、分析和實施方式。

本書是專門介紹數據庫行銷的運行機理和操作技法，闡述數據庫行銷的相關運行機理，同時分析了企業在這一新的行銷領域所面臨的現狀和難點，包括應該採取的對策。企業應依據公司本身與產品的特點，開發出適合自己企業的行銷數據庫，並在行銷策略中充分發揮數據庫行銷的優勢。

《顧客情報管理技巧》

目　錄

第二章　市場細分化戰略活動的方法 / 47

第三章　顧客情報管理技巧案例 / 78

第四章　數據庫的實施步驟 / 183

第五章 數據庫常使用的行銷工具 / 227

第六章 利用數據庫鞏固老顧客忠誠度 / 273

第1章

數據庫行銷——企業的新選擇

數據庫行銷就是企業通過搜集、積累大量信息，經過處理後預測消費者，利用這些信息給產品以精確定位，有針對性地製作行銷信息以達到說服消費者去購買產品的目的，可以幫助企業準確瞭解用戶信息，確定企業目標消費群，同時使企業促銷工作具有針對性，從而提高企業效率。

一、數據庫行銷的定義

數據庫行銷從出現到今天成爲一種潮流，其間經歷了十幾年的時間。20 世紀 80 年代中期，市場基本特點是供給大於需求，形成了買方市場，企業之間的競爭日趨激烈，企業短期利益減少。競爭結果是，追求利潤最大化的經營目標逐漸被以追求適當利潤和較高市場佔有率的經營目標所替代，以顧客需求爲導向的行銷觀念已被大部份企業所接受。這樣，在企業行銷的實踐中，如何加強顧客管理，及時瞭解和回饋顧客需求，以便穩定和提高市場佔有率的問題就成了決策層所普遍關心的一個重點。

隨著信息科技的迅猛發展，尤其是電腦技術的發展，數據庫強大的數據處理能力逐步被應用到顧客關係行銷管理當中。企業通過顧客數據庫及時掌握現有顧客群的需求變化，再把信息回饋到決策層，以便決策層做出正確的生產或投資決策。由此，數據庫行銷就這樣誕生了。

在競爭日益激烈、佔領足夠市場佔有率日益艱難的時代，企業如果能恰當運用數據庫行銷，將會使其產品更好地服務於顧客，從而獲得更大的利潤。因此，許多公司和企業越來越重視數據庫行銷，有的甚至把數據庫行銷當作整個市場行銷活動的中心。

數據庫行銷就是企業通過搜集和積累消費者的大量信息，經過處理後預測消費者有多大能力去購買某種產品，以及利用這些信息給產品以精確定位，有針對性地製作行銷信息以達到說服消費者去購買產品的目的。通過數據庫的建立和分析，可以幫助企業準確瞭解用戶信息，確定企業目標消費群，同時使企業促銷工作具有針對性，從而提高企業行銷效率。

在數據庫產生以前，企業對市場的瞭解往往是經驗，而不是實際。企業總是自以為自己瞭解市場，其實並非如此。因此，沒有數據庫行銷，企業的行銷工作僅僅停留在理論上，而不是根置於客觀實際。

解讀這個定義內涵，應該包括以下五個方面的內容：

1.數據庫行銷是信息的有效應用；

2.成本最小化，效果最大化；

3.顧客終身價值的持續性提高；

4.「消費者群」觀念，即一個特定的消費者群對同一品牌或同一公司產品具有相同興趣；

5.雙向個性化交流，買賣雙方實現各自利益，任何顧客的投訴或滿意度通過這種雙向信息交流進入公司顧客數據庫；公司根據信息回饋改進產品或繼續發揚優勢，實現最優化。

選擇數據庫行銷並不意味著公司必須具備十分雄厚的實力，其中的關鍵在於與個體顧客建立親密的、相互忠實的關係。正如一家英國旅遊集團，他們看到中產階級喜歡休閒旅遊，希望在各個季過一個溫暖的假日，面對這樣的市場機會，他們利用手中掌握的 200 萬個顧客資料開發了地中海旅遊熱線，並利用這次活動成為時尚的領導者。他們並不否認自己以前毫無名氣，但公司最終取得了引人矚目的成功，因為他們把精力全部投入了與目標顧客和現實顧客的交流。

二、數據庫行銷的基本作用

在企業行銷戰略中的基本作用表現在下列方面：

(1)對客戶的瞭解更深入、更及時。

(2)爲客戶提供更好的服務。客戶數據庫中的資料是個性化行銷和客戶關係管理的重要基礎。

(3)能準確評估客戶的價值。通過區分高價值客戶和一般客戶，對各類客戶採取相應的行銷策略。

(4)瞭解客戶的價值週期。利用數據庫的資料，可以計算客戶生命週期的價值，以及客戶的價值週期。

(5)實現對客戶需求的動態把握。根據客戶的歷史資料不僅可以預測需求趨勢，還可以評估需求傾向的改變。

(6)更有利於市場調查和預測。數據庫爲市場調查提供了豐富的資料，根據客戶的資料可以分析潛在的目標市場。

三、數據庫行銷的戰略功能

研究企業發展史可以發現，20 世紀 80 年代前的數據庫行銷主要應用在直銷領域，如：直接郵寄、目錄行銷、電話行銷和電視行銷等。進入 20 世紀 80 年代，隨著電腦能力的增強和數據庫技術的進步，加上大眾市場的飽和導制競爭的加劇，不少非直銷領域的行銷者也紛紛在商戰中採用數據庫行銷的觀念和技術。20 世紀 90 年代中期，據美國一家行銷公司的調查顯示:56%被調查的製造商和零售商已建立或正在建立數據庫，10%計劃這樣做，85%認爲爲了迎接 21 世紀的競爭，他們需要數據庫行銷。

通過數據庫行銷，企業在一段時間內行銷者能與眾多單個目標化的顧客進行直接聯繫和溝通，從而能夠迅速追溯和評估與各個顧客接觸的有效性並及時調整。這是因爲數據庫行銷是在個體水準層次上收集、保留和利用數據的，其目標直接而具體。這是與傳統行銷中的信息收集有很大區別的地方。這裏的個體可以是單個顧客、單個家庭或單個公司實體。這意味著在數據庫行銷的情況下，企業的市場分析和行銷決策是在個體水準上計劃和實施的，因而它是在一對一的基礎上展開的行銷。

⑴**現代行銷觀念的實現形式。**

數據庫行銷體現了現代行銷觀念的精髓，它是行銷觀念較理想的一種實現方式。現代行銷觀念要求行銷者更好地滿足目標顧客的需要和慾望。隨著信息技術的飛速發展，數據處理的硬體和軟體成本大幅下降，甚至使較小的行銷者都可以採用數據庫行銷，搜集、編輯、整理和分析有關他們的目標顧客的數據，進而能夠以目標化的互動傳輸方式，真正提供個性化的產品和服務。

⑵**能準確把握目標顧客的需求**

由於顧客數據庫是在顧客個體層次上建立和整理的，因而行銷者可以從品質和數量上很精確地確定目標顧客的需求，進而可以實行「大量訂做」，即製造大量訂做產品以滿足個別顧客的需求。這樣一方面可以取得大量生產或訂貨所帶來的規模效益；另一方面又可以達到零庫存，減少經營風險。

⑶**幫助發現新的市場機會和搜集新產品的設想。**

首先，行銷者可以調查和觀察特定的顧客，追蹤個體層次上的顧客需要和慾望，並從已有的有關顧客的數據中發現新的機會，贏得新的效益。其次，數據庫行銷要求行銷者不斷與特定的顧客互動，並建立一種有效的消費者反應機制，進而從顧客的反應中找出解決顧客問題的新產品與新服務。

⑷**市場探測提供有力的支援。**

在新產品試銷結果的追蹤、產品價格需求彈性的衡量、促銷媒介有效性的評估等方面，數據庫行銷的作用尤其明顯。這主要是由於顧客數據庫的存在為行銷者發展一個可以控制的研究樣本提供了可能。同時在行銷者和顧客之間形成的關係，也促使這種市場探測的反應率更高。並且，顧客購買歷史和其他已有數據也為行銷者進行了對比分析，創造了條件。

⑸**能提高產品到達最終消費者手中的效率。**

製造商直接與其最終消費者溝通，並建立自己的行銷數據庫，這樣，不僅可以為分銷商或零售商提供銷售引子，而且能影響管道中各成員的權力平衡。

⑹**能幫助行銷者開發準顧客和留住顧客。**

企業可以借助廣告信函、電話或其他途徑，建立準顧客數據庫，再對數據庫進行細分化或模式化，以確定較有價值的準顧客，然後通過信函、電話或人員拜訪等方法與他們聯繫，以爭取將他們轉化為顧客。

⑺**可增強顧客對企業的忠誠，促使顧客重新購買。**

如百貨商場的行銷者可設計一個貴賓卡數據庫行銷系統，分析貴賓類型及貴賓們感興趣的商品，以調整品種，提供符合個性化的服務體驗，從而不斷吸引新顧客，留住老顧客。

⑻**能幫助向特定顧客促銷特殊的產品。**

如美國捷迅公司和其他信用卡公司利用申請者提供有關個人的財務數據和購買行為方面的數據，向他們的持卡人推銷各種信用卡及輔助服務。而西爾斯公司則保持著每個顧客購買家電的詳細記錄，並且向曾購買多件家電但未給這些家電購買維修合約的顧客，推銷特殊的維修服務合約。由此，西爾斯其他從事保險和房地產仲介的子公司，也能利用這些資料進行交叉推銷。

⑼**能協助行銷者提供高效的顧客服務，與顧客建立持續的關係。**

對一個行銷者來說，已有的顧客數據庫加上顧客服務環節中形成的數據是取得卓越和高效的顧客服務的關鍵資源。美國通用電氣公司的顧客數據庫包括了每一位顧客的地理位置、人口統計和心理統計特點以及購買家用電器的歷史等等。這些數據為有效的售前、售中和售後服務，高效地幫助各個顧客解決問題提供了強有力的支援，並使行銷者能與其顧客建立一種特殊的關係紐帶。

⑽**數據庫行銷在 Internet 上演變，並越來越重要。**當消費者在網上互動時，通過參加論壇、新聞組、佈告欄，細分他們自己，並參與到創造行銷的活動中。由於 Internet 的特點，以

前的大眾溝通正變成個人化的互動雙向交流。信息不再僅僅被「推給」消費者，相反，消費者將能把所需要的信息「拉出來」。數據庫消費就是顧客利用數據庫及其技術在網上「瞄準」產品的結果，恰如行銷者可以利用數據庫及其技術「瞄準」顧客一樣。在這種情況下，對行銷者來說，在個體層次上瞭解他的顧客就顯得更爲迫切和重要。

上面列舉了數據庫行銷的 10 種戰略功能，這些功能的發揮程度，一方面與數據庫行銷自身的特點和成本有關，另一方面又取決於企業的經營模式。隨著信息技術的高速發展和全面滲透，技術對企業行銷的貢獻率愈來愈高，而技術的使用成本則相對愈加便宜。隨著市場競爭的日趨加劇，採用數據庫行銷的方式將全面提高企業的競爭力。

心得欄

四、運用數據庫的方式

數據可以用於目標市場選擇、建立顧客關係以增加其重覆購買、促進交叉銷售和獲得競爭優勢。

⑴**用於選擇目標市場。**利用數據庫，可以根據人口統計、地理位置、先前購買行爲和下訂單的可能性等特徵實行詳細的市場細分。由於目標市場成員對於公司的直複行銷努力比對非目標市場成員更具反應性，所以，運用數據庫行銷往往可以實現高生產率和低成本。

⑵**促進重覆購買。**重覆購買不一定只是源於帶有明確推銷目的的經常性溝通，沒有明確推銷目標的經常性溝通也會促進重覆購買。數據庫可以幫助公司建立與顧客間的持續關係，從而促進顧客重覆購買。

⑶**實現交叉推銷。**當直複行銷公司擁有幾種業務公用一個數據庫時，公司可以利用數據庫進行交叉推銷。這種交叉推銷帶來的合成效益對公司的各個業務都有利，使每個業務都會增加銷售額，並且會因爲共用信息和其他資源而降低運營成本。

⑷**贏得競爭優勢。**公司可以通過建立和運用記錄當前和潛在顧客信息的數據庫來贏得競爭優勢。數據庫甚至可以作爲競爭利器用於直接指向特定競爭者顧客的行銷努力。

五、數據運用示例

具體的數據處理對於企業十分重要，是數據庫行銷中制定行銷決策的基礎。如何將詳細、精確的顧客數據資料充分利用，有賴於對顧客資料進行分門別類的整理研究。

⑴**地域性指標數據。**在行銷國際化的今天，行銷地域化特徵更加明顯，而網路的出現，給企業的國際化提供了一個強大的工具，但是期望網站跨地區、跨國界行銷的做法卻是一個很大的錯誤。因爲每個人只對自己週圍的事情關心，特別是尋找能滿足自己需求的東西時更是如此。與此相反，在網路數據庫行銷中，網站行銷人員必須知道各地區在生活形態、經濟水準、網路發達狀況、購買行爲、上網習慣與動機等方面的詳細資料。

⑵**人口特性指標數據。**當消費者在人口統計及生活形態方面的特質相近時，他們的行爲方式，如：產品購買、動機、價值、收入、職業、性別、教育狀況，都相當類似。

⑶**心理特性指標數據。**網路數據庫行銷最能滿足消費者的心理消費需求，因爲上網的消費者具有較高的文化素質、強烈的個性及在心理方面的獨特需求。這從普遍在網上熱銷的書籍、磁帶、光碟、CD、VCD 等物品就可看出，這些物品極大地滿足了消費者的精神需求。今天的電子商務正在爲網民創造滿足其流通物品得到精神的需求。對網站來說，消費者最好的生活形態是網路化生存；最好的個性是追求時尚，即網路化的時尚；最普遍的購買動機或上網動機是電子商務而不是上網聊天。

⑷**行為特性指標數據**。行爲方面的資料是最重要的，因爲它是消費者實際購買行爲的記錄。只有知道消費者做過什麼，並瞭解其習慣性購買動機，才能推測其未來的購買行爲態勢。

【案例】 Toyota 汽車的網路數據庫資料整合

對於汽車業而言，爭取顧客的過程變得越來越複雜，行銷人員必須懂得掌握每一個細分市場的動向。Toyota 認為，自己有兩個重心：潛在顧客和 Toyota 車主。其中車主資料庫約有1000 萬個名單，至於潛在顧客資料庫的，則是對該車感興趣的人。他們使用資料庫有三個基本準則：

1. 進來的資訊要集中；
2. 出去的資訊要鎖定目標溝通；
3. 持續地改進資料。

Toyota 網站網頁共分四部份。針對車主，在主頁發表了生活形態的人口統計資料。進入「直接回應」的區域，以電子郵件、線上註冊卡、與 Toyota 溝通等方式獲取有關顧客的資料，包括行為、交易、人口統計、生活地域等資訊，每一個顧客都有 120 個變數。Toyota 行銷人員通過這些資料來判定每次促銷的成功率，利用數據庫來增強自己的能力。

六、數據庫的建設

1. 關注數據庫的價值

數據庫是數據庫行銷的基礎，數據庫的概念是在電腦知識普及後被人們廣泛接受的。用於管理的數據庫具有數據結構化、數據共用、減少數據冗餘等重要特徵。

數據庫行銷中的數據庫又稱行銷數據庫，它可以收集和管理大量的信息以便呈現出顧客的「基本狀態」，進行消費者分析，確定目標市場，跟蹤市場領導者以及進行銷售管理等，是協助規劃整體行銷計劃和計劃、控制、衡量傳播活動的有力工具。其實它最初的含義是爲實施直複行銷而收集的顧客和潛在顧客的姓名和地址，後來逐步發展成爲市場研究的工具。如：收集市場資料、人口統計資料、銷售趨勢資料以及競爭資料等等，配合適當的軟體，對數據作出相應的分析。目前，它已經作爲整個管理信息系統的一部份發揮著重要的作用。

數據庫的價值高低，完全取決於建立數據庫的目的以及其內容的好壞及功能的高低。例如，一個專門搜集消費者資料的數據庫，它搜集的與顧客有關的背景資料，如：性格特徵、消費形態、使用習慣……等相關資料越多，它提供信息的價值也就越高，最好能知道他們是什麼樣的人、年齡多大、性別、從事何種職業、職稱、婚姻狀況、子女狀況、受教育程度、居住的環境如何等等。另外，也要根據廠商產品的特性，再收集相關信息，如：顧客對本品牌的忠誠度、看法、對其副品牌的評價等。

企業不同，數據庫的構成也不同。因爲數據庫是一個關於市場狀況的綜合數據源，並不是一個單純的顧客名單，而且數據庫的有效性關鍵是對數據的及時校對和修改，清除不良數據或無效數據對數據庫的影響。例如，有些小企業，行銷數據庫可能就是一些顧客名單，而一些大公司，數據庫中的資料可能包括一些基本的人口資料、競爭資料等。數據庫有足夠的靈活性以適應行銷者的需要，如：補充新的信息以及調整整個的數據庫結構。

行銷數據庫爲企業合理分配資源提供了有力的工具。行銷數據庫可以把有關的資源整合在一起(郵件、電話、銷售、第三方和其他管道)，統一協調調度，有針對性地進行直接調度。例如，對關鍵客戶需要進行人員直接訪問，而不是郵件和電話訪問；另外，在與客戶的溝通中，採用那種方式，還要看其經濟性，能夠達到同樣的效果，爲什麼不選擇更經濟的方式呢？

2.運用 RFM 法管理數據庫

「RFM 法」是對數據記錄進行管理的一個重要法則，它運用近期性、購買頻率和購買幣值(即 Recency、Frequency 和 Monetary)三個方面的指標將公司的顧客進行分類。一般來說，企業把那些最有可能購買的顧客定義爲最好的顧客。他們一般是那些最近才買過、購買最頻繁且消費金額達到一定數量的個人或企業，這部份顧客的數據應該被完整記錄並加重點分析。

通過 RFM 法，公司可以運用數據庫產生的信息遴選出那些最有可能給公司帶來最大收入來源的人。比如，當公司需要爲某項直郵或目錄行銷活動尋求目標時，就可以運用 RFM 法對所有潛在顧客進行排序，以此來識別該項活動的目標顧客或準顧客。具體做法是：首先，根據公司顧客數據庫中的成員在這三個方面的統計信息，分別爲他們賦予一個分值；然後，按照該分值進行排序，這種分類法便爲實現利潤最大化提供了基礎。

RFM 法是通過對近期性、購買頻率和購買幣值這三個要素的綜合分析來判斷顧客價值的，這三個要素是反映顧客購買意願和特徵的最主要因素。對顧客的這些購買數據進行收集並加以整理，從而找出其中一部份最好的顧客(即最有價值的顧客)，然後分析這部份購買者和其所買商品的特徵，可以在最短的時間內發掘出潛在的市場需求。

RFM 在零售商的行銷過程中被廣泛採用，實踐證明：這是一種極爲貼近市場的數據庫管理法則。

七、數據庫行銷的競爭優勢

儘管企業組建的數據庫，各具特色，但是它們之間都存在一些共同特徵：

1. 顧客記錄的個別性

行銷數據庫中每個現實或潛在顧客都被作爲一個記錄。市場或子市場群體是眾多可識別的個體顧客的聚結。

2. 顧客記錄的全面性

每個顧客記錄不僅包括其識別或聯繫信息，例如：姓名、地址、電話號碼等；包括其他廣泛的行銷信息，這些信息可以用於識別某種產品的可能購買者，並決定如何接近該顧客。例如：消費者人口統計和心理統計信息，產業顧客的產業類型和決策單位信息。

每個顧客記錄還包括該顧客展露於該公司歷史行銷活動的記錄、該顧客對該行銷活動中各種溝通方式的反應、歷史交易

(與本公司或競爭者公司)記錄。

3. 顧客記錄的動態性

在與顧客溝通的整個過程中，公司都能夠適時獲取信息，使其可以據此決定如何對該顧客的需要做出反應。行銷政策制訂者可以利用數據庫中的信息，決定那個目標市場適於何種產品或服務，各種目標市場中何種行銷組合適於何種產品。公司還可以根據自己的需要，運用數據庫記錄顧客反應的情景，例如：行銷溝通或銷售活動等。

4. 確保顧客溝通的協調性

對於那些向個體顧客推銷許多產品的大公司來說，數據庫可以用來確保接近顧客各種通道間的協調一致性。例如，一個公司的某項直複行銷活動，可能同時運用電視、印刷媒介和直郵三種媒介，運用數據庫管理顧客記錄，可以實現各種溝通媒介與顧客間聯繫的協調一致性。

5. 推進行銷管理自動化進程

行銷管理自動化可以處理數據庫產生的大量信息，而大型數據庫開發利用，也反過來推動了顧客信息自動化的發展。通過行銷管理自動化，行銷機會和威脅可以在一定程度上被自動識別出來，並提出關於抓住機會和化解威脅的建議，這使得高層管理者可以獲得高品質的行銷活動效果方面的信息，以及能夠更有效地配置行銷資源。當然，數據庫行銷的發展最終也會導致傳統行銷中的一些手段被淘汰。

八、數據庫行銷的發展前景

在商業競爭中，真正的大事業是建立在長期持續交易的基礎上，實現一次銷售只是初入市場爲了求生存的小商人才追求的目標，這是十分淺顯的道理。但是，在行銷發展初期，一些商家過於重視銷售和促銷技巧，結果忽視了企業真正的潛力所在，即品牌化與顧客建立緊密的關係問題。

如何掌握顧客，如何把有關顧客的瞭解轉化爲買賣雙方的良好關係，將是增強商家競爭力的關鍵，就像電子技術對於電腦生產商，機械學對於汽車製造商一樣，數據庫行銷能力將是企業在未來商戰中決勝的關鍵。數據庫行銷不只是一種實現短期的以贏利爲目的的促銷活動工具。更重要的是，這種最新的行銷工具幫助企業通過建立與顧客的交流管道和信息管理系統，來實現顧客最大滿意度和企業利潤的最大化。

系統化的收集信息即可以實現兩件任務：

1.數據庫行銷觀念指導下的企業逐漸拉近了與顧客的距離，因此他們能更有效地與顧客打交道。

2.數據庫行銷提高了企業就其自身新資源、新能力與外界進行交流的溝通能力。

多數的直複行銷人員，也包括數據庫行銷人員，他們在觸及潛在顧客以及向他們推銷產品時，都依靠單個廣告媒體「一次性」廣告進行宣傳。其實，還有一種更有效的方法是運用多種媒體多次進行宣傳，這種方法稱爲綜合市場行銷，這將是未來行銷發展的趨勢。

例如，電腦公司推出一種新電腦時，可能首先安排新聞發佈會以激發消費者興趣，然後公司用整頁的廣告來進一步提高產品知名度並刺激消費。這種廣告通常會包含一個活動小冊子，公司把小冊子和廣告寄出去，以一個特定的價格銷售電腦，然後打電話給沒購買的人。其中某些潛在顧客便會訂貨，而其他人可能要求安排見面，即使消費者不準備購買，也會要求繼續進行交流。這種在一個限制很緊的時段內利用多種媒體「密集反應」的廣告，可提高信息的影響和知曉度，用以發動攻勢以獲得更大的銷售增長。當然這種銷售增長應大於成本的增長。通過數據庫的建立，市場行銷者連帶銷售，提高產品形象和介紹新產品等方法，向已知顧客進行市場行銷，應用更多的消費者信息，不斷充實消費者數據庫，直至形成一個豐富的私有廣告媒介，實現最大化銷售，這樣一個效果最大化市場行銷將是未來市場行銷發展的趨勢。

九、「數據庫行銷」的實施現狀

數據庫行銷屬剛學習和探索的階段，因此很多企業對數據庫行銷不瞭解，從而導致數據庫行銷這種獨具競爭力的行銷工具，在企業中未發揮其應有的作用。

1. 缺少專業化的數據庫收集、處理機構

很多企業開始意識到創新的重要性，特別是新的行銷手段運用的重要性，所以當數據庫行銷作爲一種新的行銷手段被引

進時，許多企業開始積極採納這一新式做法。然而，很多企業並沒有專門成立實施這一新措施的機構，更多的是把這一任務交由銷售部門的售後服務部負責。採用此種高標準來要求操作人員，其效果是可想而知的。

2. 對數據庫行銷的理解不夠深入

很多人認爲數據庫行銷就是根據收集消費者的意見回饋（主要是通過消費者投訴、購買產品後的意見回饋等），做一些初步的歸類與總結，然後做出相應的決策或爲下一次決策做參考。其實，這是一種想當然的做法。這種觀點與做法完全曲解了數據庫行銷的真正含義及其精髓，所以也不可能享受到數據庫行銷給企業帶來的強大競爭力與發展潛力。由於存在上述誤解，所以許多企業一聽說現在流行一種新的行銷手段——數據庫行銷，也興致勃勃地向公司宣佈推行這一新的行銷策略，其主要實施措施就是加大售後服務部門的力度，廣泛收集消費者的意見回饋，這樣做的結果是付出了過多的成本，卻得不到預期的收穫。

3. 相應的專業化人才十分缺乏

企業實施真正的數據庫行銷，必須要有具備綜合學科與技能的人才，由其專門負責。這樣才能爲企業深入挖掘消費者信息，才能爲企業帶來新的增長點與競爭力，也只有這樣才能實現真正意義上的數據庫行銷。因此，專業化的人才隊伍是企業實施數據庫行銷的必備基礎。

4. 收集數據的形式缺乏創意

數據是數據庫行銷的基礎，數據的豐富性與品質直接決定了數據分析結果的品質。許多企業在數據的收集上過於單一，更多的是通過收集消費者熱線電話信息、投訴及意見回饋等信息。當然這些信息都很重要，但對於實施數據庫行銷來說這些數據就顯得過於簡單化。

5. **數據挖掘缺乏深度**

對數據挖掘不深入是企業普遍存在的問題。許多企業很重視數據的收集，所以通過種種努力，而且消耗了巨大資源獲取了豐富的數據，最後卻偏偏在數據挖掘上將以前的種種努力付諸東流。其主要原因就是對數據的分析、挖掘只是停留在數據反映的最基本問題上，而沒有挖掘數據所隱含的信息。

心得欄 ______________________________

十、企業實施數據庫行銷的失敗原因

1. **缺乏行銷戰略**

企業認爲只要找家系統集成商建立了數據庫，並且購買了相關的專業軟體，就能夠解決根本的數據庫行銷問題，但事實遠非如此。對企業來說，數據庫和相關的軟體只是帶來費用，並不產生利潤。行銷利潤的真正產生必須通過與客戶個性化的溝通所建立起的客戶忠誠，或通過交叉銷售等提升的客戶價值來實現。很多企業往往將行銷數據庫的建設和數據倉庫建設混爲一談，經常將行銷數據庫的建設項目規劃得過於龐大和複雜。週期過長，設計複雜的項目往往會因爲各種各樣的原因而失敗或流產。

站在客戶的立場思考一下:「數據庫裏有什麼對我有價值的信息？有了這些信息我要做什麼？」如果你不能給出一個令人信服的答案，你的數據庫行銷就很有可能失敗了。

2. **缺乏有效的客戶信息**

成功的數據庫行銷戰略要求建立客戶分群，並且通過對客戶群的行爲價值分析，設計出針對性的行銷策略來吸引不同客戶分群的興趣。這往往要求企業採集和掌握與客戶相關的更深入的知識，並且運用這些知識來指導相關行銷策略的設計。

然而，很多公司並沒有積累過客戶信息，也從未建立過客戶分群，更談不上開發過相應的行銷策略。很多企業雖然有相對完善的交易記錄，但是缺乏相關的客戶人口統計信息，企業在建立客戶信息管理策略方面，更多的是從交易和技術出發，很少考慮和分析客戶的需求和行為，這些企業在系統性的採集和積累客戶信息時往往缺乏經驗，造成在行銷時發現一些需要的重要信息沒有，行銷策略往往又回到了傳統的經驗模式。

3. 缺乏強有力的領導

在一個成功的數據庫行銷項目中，需要企業有一個領導力來推動數據庫行銷項目的實施。數據庫行銷不僅僅需要行銷管理人員提出想法，更重要的是能夠推動管理層採納，協調資源落實實施。這就需要企業建立一個由行銷策劃人員、客戶服務人員、技術支援人員、電話行銷人員、服務提供商、直銷代理商和項目執行小組組成的項目團隊。而項目團隊的領導必須具備強大的執行力，不僅應瞭解數據庫行銷的過程，而且還應能夠協調公司內外部的資源，說服和推動管理層採納行銷方案的策劃，並且有著足夠的授權來組織適當的資源付諸實施。

客戶服務人員經常抱怨得不到市場部門的足夠支持，市場部門抱怨得不到技術部門的足夠分析和數據支持，技術部門不理解市場部門到底需要什麼，公司管理層不知道數據庫行銷的設計和期望與以往的行銷有什麼區別，企業員工覺得這一行銷過程過於複雜，不容易掌握，也經常缺乏一個有能力的管理者來管控這一過程。

4. 關注價格，而不是服務

成功的數據庫行銷目標是建立客戶忠誠，而價格折扣並不能做到這一點。在國內的市場競爭中，經常看到的卻是以價格為利器的行銷活動。通過價格來競爭的做法只會讓客戶更多地去思考他們付了多少錢，而不是引導客戶思考從中得到了那些服務。如果企業應用行銷數據庫來進行價格折扣，這樣的數據庫行銷就很有可能會最終失敗，這是因爲每個客戶都想在得到更低價格的同時，也能夠被區別對待、享受更好的服務、獲取更多的服務與產品信息、得到更加便利的服務和技術支援。只有將數據庫應用於更深入的客戶關係或客戶忠誠時，數據庫行銷才會走向成功，而在這方面，企業還有很長的路要走。

5.**缺乏客戶分析能力**

數據庫行銷至少需要兩類角色：數據庫技術工程師和數據分析人員，客戶分析應當由行銷分析人員來主導。但企業的實際情況是，很多企業的行銷部門根本沒有專業客戶分析人員，行銷分析由信息技術部門負責。企業的行銷策劃人員不瞭解基本的分析方法，甚至都沒有接觸過客戶數據庫的實際數據，往往是給信息技術部門提需求，由信息技術部門提供分析的支援。這樣做的結果是，信息技術部門只是維護數據庫系統，系統裏有什麼數據就提供什麼數據，從不結合行銷分析的要求進行客戶數據的清洗，也沒有人系統地採集和維繫客戶的信息，造成數據的管理和數據的分析脫節，行銷策略往往得不到數據驅動。

很多企業不缺數據，也不缺客戶，就是因爲缺乏基本的客戶分析經驗，不知道如何策劃個性的行銷方案，行銷的水準仍維持在大眾行銷的程度。在這種情況下的數據庫行銷，也達不到預期的效果。

6. 對待所有的客戶一視同仁

行銷人員必須認識到：在企業的客戶群中，有些客戶群是更有價值的，而有些客戶是毫無價值的。向最高端 10%的高價值客戶群提供更好的服務，提高他們客戶的忠誠度，確保這些客戶能夠更長期地保留下來，是企業長期成功的根本所在。對於中端的客戶群可以設計客戶關懷項目，通過服務的交叉銷售來激勵這些客戶的價值提升。而對於最低端的客戶群，這類客戶往往給企業帶來負利潤，投入的服務成本與客戶給企業帶來的收益不對等，企業應當採取措施降低服務成本，或是通過一些行銷門檻，對這些客戶進行淘汰。數據庫行銷的原則是應當把行銷資源投入在能夠帶來更大價值回報的方面。

7. 從不開發客戶維繫行銷項目

企業設計的絕大多數行銷活動都是針對新客戶的獲取，而不是針對現有客戶的維繫。這些企業的行銷策劃人員更關心如何實現銷售目標，並從新發展的客戶處獲得銷售傭金，很少來設計客戶維繫行銷項目來保留現有客戶。這種忽略老客戶，重視新客戶的行銷現狀不能不說是很多行業行銷的悲哀。究其原因，對客戶瞭解的缺乏和行銷觀念的落後，導致企業的行銷人員更願意簡單地以價格作爲競爭要素的做法無疑是重大的行銷方向錯誤。行銷人員應當更清醒地認識到，客戶維繫行銷項目的投資報酬率，要比同樣的資金投資於客戶獲取項目的投資報酬率更高。

8. 沒有充分利用網路等多管道行銷技術

通過與客戶數據庫的連接，網路技術已經變成與現代客戶溝通的基本方式，可以幫助企業創造更高的利潤。獲取客戶的電子郵件位址，向客戶發送關於每一筆訂單的詳細信息，包括訂單收據、交易日期和其他內容等；利用技術向訪問公司網站的客戶致以問候；爲企業最好的 B2B 客戶建立一個獨立的獎勵頁面等等，都是效果很好的做法。這些做法都有助於改善客戶忠誠度。

充分利用網路技術，企業可以經常與客戶以比較低的成本進行溝通。企業可以運用直郵、電子郵件，甚至電話行銷等客戶偏好的溝通方式來做到這一點。通過多管道組合行銷，結合不同的產品設計和客戶價值分群，企業就能夠做到以個性化的方式與不同價格和偏好的客戶建立聯繫，從而發現銷售機會，提高客戶忠誠和客戶價值。

9.缺乏測試與控制

數據庫行銷的過程是一個測試與驗證的過程，往往要求企業的行銷策劃人員設計多個不同的行銷產品組合與管道組合，再通過客戶分群進行行銷測試。數據庫行銷提供了大量的工具和機會來測試不同行銷策略的實施效果。當企業的行銷人員想要測試一個新的行銷想法時，只要建立一個不實施該行銷方案的控制組就可以了。然後通過測量測試組和控制組的回應率和後續的銷售成功率，來分析判斷行銷策略的有效性。

企業行銷人員通過分析以前的行銷項目、客戶調研、客戶通訊或老客戶回報項目產生的不同客戶分群的行銷表現情況，與不採用這些行銷方案的對照組相比的情況，經常會發現對於促銷活動不響應的客戶表現得比那些根本不接受促銷方案的客戶表現要好。雖然這些客戶看到促銷活動但並不購買，但他們的時間花在研究這些促銷方案上，有利於改進客戶對公司的態度和客戶的生命週期價值。

很多企業的實際情況是，行銷的策劃與行銷的執行往往是脫節的，市場部門負責行銷的策劃，而客戶服務部門負責行銷的執行，沒有人整體考慮和控制數據庫行銷中的測試與驗證的環節，造成大多數企業的行銷策劃和執行根本沒有形成測試、驗證的行銷循環，數據庫行銷的效果不好也就不足爲奇了。

十一、企業應如何實施數據庫行銷

企業若想成功實施數據庫行銷，最根本的一點就是轉變企業的管理理念，改變傳統的管理模式。因爲數據庫行銷不只是一種簡單的新行銷方法，它是通過採取新技術來改造和改進目前的行銷管道和方法。

提倡並且樹立「客戶是企業資產」的理念對企業，尤其是要實施數據庫行銷的企業而言，顯得尤爲重要。因爲由於「以客戶爲中心」的商業模式迅速來臨，對許多公司而言，漸進式的改革已不足以適應市場需要，而需要的是對企業的經營理念進行革命式再造，根本改變企業體制，構思一個「從客戶利益出發」的企業文化體系。

要真正實施數據庫行銷並不是一件簡單的事，數據庫行銷是一項系統工程，需要在各個部門、各個環節的配合之下進行。企業實施數據庫行銷時沒有意識到這些，所以運用起來總是見效甚微。鑑於企業在實施數據庫行銷時存在的以上問題，以下幾點對策值得借鑑。

1. 要引進數據庫行銷

⑴深入領會數據庫行銷的精髓

數據庫行銷是一項系統工程，必須掌握它的深刻內涵才談得上科學應用。企業要推行數據庫行銷，首先必須讓企業全體員工深入瞭解、學習數據庫行銷的概念，領會其精髓，學會數據庫行銷的操作流程、數據收集的方法，掌握數據分析的技術和不斷提高數據分析及處理的能力。如果只是有關行銷人員參與的話，是無法達到其最終目的的。與此同時，還應不斷地向國內外實施數據庫行銷的傑出企業學習，吸取其經驗的精華，再結合本企業實際，制定出一套適合本企業的數據庫行銷方案。

⑵以輔助工具的形式引進數據庫行銷

用戶需求不斷細化，導致了服務的具體和細化，因此提供個性化的服務已經越來越引起企業的關注。現在很多企業的網站只是提供泛泛的服務，卻無法提高用戶的忠誠度，無法提供細化的服務意味著失去很多潛在用戶。爲了網站能長期爲客戶提供準確和時效性強的商品信息，企業應建立「會員數據庫」。

商家可根據會員登記的資料進行跟蹤業務推廣，可以大量減少業務的推廣費用，也可針對不同身份的客戶提供個性化服務，提高商家對客戶的服務品質。公司還可以定期舉辦商務研討活動，企業和會員可通過網站的商務交流區進行商務交流。

企業提供最優良的產品，要注意以下三點：

a. 數據庫產品的快速更換。商家的產品信息需要儘快地傳達到用戶，有時候遲到的信息和沒有信息的結果對用戶來說是一樣的。除了時間，傳送信息的途徑和方式也同樣重要。為了達到這一點，開展數據庫行銷的公司應開發產品數據庫，商家只需打開數據庫直接修改數據庫中的產品信息，而不需要使用上傳軟體和編寫軟體，修改操作簡單方便。

b. 產品信息的查找。採用先進的「模糊查找」方式對產品進行檢索。用戶只要輸入產品的型號、名稱等標識，即可搜索到查找的產品信息。此項技術使用戶不再需要花費大量的時間查找產品信息，節約用戶的網頁流覽時間，並及時準確地得到產品信息，增加商業機會。

c. 完善購物系統。採用購物清單管理方式，網站的管理者利用特別配置帳號密碼直接查詢到客戶訂購物品的名稱、數量、型號、訂購者名稱、聯繫方式、支付方式。購物系統具有商品數量統計和商品計價功能，提供產品的庫存情況，採取現今世界最優秀的安全技術，保證客戶的商業信息得到高度保密。

產品調查所得數據能及時反映市場的需求情況，使企業能夠及時調整行銷策略，取得良好的市場效益。

公司還可以定期舉辦商業研討活動，企業和會員可以通過商業交流區互相交流商業信息，公司可通過在網上交談區舉辦不同商業題材的專題討論區，吸引行業人士和客戶參加，增加企業在社會和商界的影響力和知名度。隨著網上交流方式的不斷增加，企業可選擇的交流方式也越來越多，如 BBS、博客、播客等等。

公司設立網上產品諮詢服務區，對會員或客戶提供產品諮詢和產品使用說明，成爲商家對客戶服務的視窗，公司還可通過客戶的登陸信息瞭解客戶來源、產品區域分佈等情況。商家從中瞭解到客戶的需求，直接解答客戶有關業務或產品的問題，供服務對象和遊覽用戶查詢。

它是使用數據庫技術開發的一個在線信息發佈系統，主要應用於信息、文章、資料等各類信息的發佈。系統可以實現在線動態更新信息，提供強大的在線管理功能，能對信息、類別等進行添加刪除等操作，還附帶提供圖片功能、信息模糊查詢功能等。通過它企業可以節省使用靜態頁面帶來的很多不便之處，如維護工作量大、維護成本高等，輕輕鬆鬆地進行信息發佈與管理。

通過它，客戶可在網上實現留言、訂貨功能，能定制網頁樣式和設置。它有強大的管理功能(現在的程序都是管理功能大於應用功能)，管理功能支援查看訂貨單、留言、分頁功能、刪除功能。系統一方面存儲文件，另一方面將處理的信息顯示到流覽器。該系統不僅收集訪問者的資料和意見，還提供流覽歷史留言資料的功能。

2. 成立有針對性的專門機構

數據庫行銷的實施對組織的影響是深遠的，它將影響到組織的形式和結構，組織形式可以擺脫傳統地域的限制，組織結構可以更加靈活地適應市場環境的變化。企業各部門可根據業務需要選擇不同的管理方式，數據庫行銷可實現行銷組織結構的跨地區、跨時空運轉，而不用過多考慮地理位置的限制。數據庫行銷的實施，使得企業的組織結構可以運作在 Internet

信息平臺上，信息溝通可實現平等互動式的溝通，工作流程非常暢通，但對企業組織人員素質和信息溝通管道也提出了較高要求。

企業要真正實施數據庫行銷，應該成立專門的數據庫行銷小組，由專人負責，配備專業的數據庫行銷技術專家。這支隊伍與原來的行銷隊伍應是合二爲一的，共同爲企業的行銷活動服務。數據庫行銷小組的主要任務是制定工作流程、收集數據信息、建立各種數據庫(如消費者數據庫、產品數據庫、競爭對手數據庫等)、深入挖掘數據，以及處理挖掘結果，最後爲企業各個部門提供決策的參考與依據。

一般說來，實施數據庫行銷的企業在以下幾個部門的職能上有別於其他企業的同類型部門，即市場部、策劃部、銷售部、技術部。隨著數據庫行銷的導入，使得這些部門的職能發生了相應變化，部門之間的關係也需進行調整，部門內部的崗位設置也需要變化。

3. 培養數據庫行銷的高級人才

企業必須吸納數據庫行銷方面的高級人才，特別是注重此類人才的培養，做好人才儲備工作，因爲數據庫行銷人才的品質在很大程度上是數據庫行銷成功的關鍵因素。沒有出色的人才，特別是數據信息挖掘方面的專家，數據庫行銷將變得「形似而神非」，除了一堆無用的數據和花費巨大的成本外，企業收穫甚微。因爲同樣的數據，依據不同的挖掘方法所得出的結論是不相同的，甚至會完全相反。如今大部份企業在收集數據方面雖取得了不少的進展，但在數據挖掘方面仍不盡如人意，關鍵的問題在於缺乏數據挖掘方面的高級人才。

十二、今後的顧客情報管理系統必須改變

也許這樣的說法有點誇張，但套用 P. F. 杜拉克博士的話，至今企業界的顧客情報管理，幾乎都還未脫離黑暗時期。可是許多當事者卻沒有意識到，當今被視爲緊要課題之一的「顧客情報系統」，仍停滯於舊態，已經跟不上潮流了。這真是一向熱衷於經營現代化的企業界的怪現象，令人看了更加著急。「顧客情報管理系統」的每一組硬體，可說已具有相當高的性能，目前尚無改變的必要。但說到系統的活用方法，卻僅有通用於大量行銷時代、被稱爲「名冊管理系統」的方法而已。

借由「名冊管理系統」，會達成某些效果。例如：針對人生大事(結婚、就職等)，進行販賣促銷活動，發出直送郵件宣傳(DM)，或是叫出熟識客人的名字等等。事實上，在以前的百貨店等商號，便已進行著這類販賣促銷手段了。這種名冊管理方式，並不需要自己擁有顧客情報，只要去買或是去借，就可得到資料了。這種「名冊管理系統」若運用組織來發揮(表現的話)，如圖 1-1。

不過，在國際化、高科技情報化之後，電腦網路發達，金融及行政體制趨於緩和的 1980 年代，造成了經濟環境結構的激烈變革，而且在市場動向及生活方式上，也不可避免地如下所述的事實一樣，呈現著複雜多變的躍動面貌。

圖 1-1　名冊管理系統

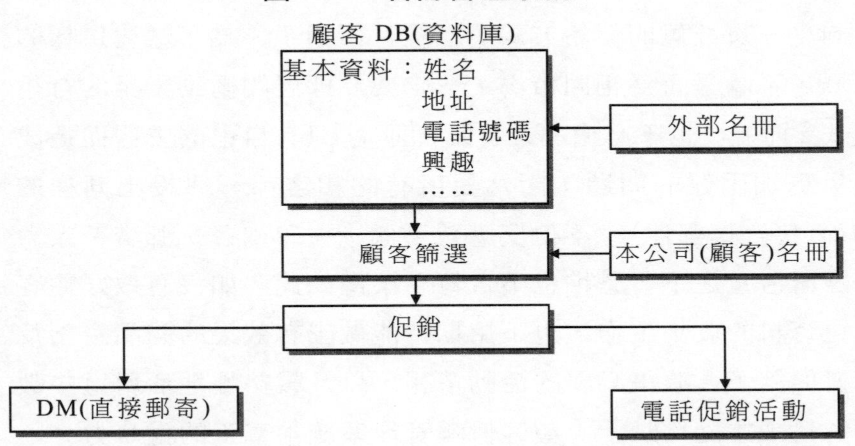

舉個淺顯的例子來說，一提到 40 年代的薪水階級，在以前腦海中便會浮起這樣的情景：在家中穿著短襯褲、出門在外則像是溝鼠似地；說到嗜好，不外乎窩在家中看電視、要不然就是打打小鋼珠……。另一方面，太太們則是一群不被專心打拼事業的老公所挑剔，生活上以孩子爲中心、不修邊幅的歐巴桑。

可是到了今天，即使是被稱爲薪水階級制服的西裝和襯衫，也都是花樣繁多。現在也有了所謂的設計師、註冊商標，連領帶的樣式都五彩繽紛，甚至可以拿來當女性飾品。爲了打發空閒時間，也出現了水上運動、射飛鏢、騎自行車、或是和太太一起跳跳舞等活動。太太們當伴侶不在身旁時，也可以打網球、打高爾夫球、做有氧運動、上美容中心，甚或涉足男性俱樂部……。從外表判斷不出其年齡，有的人看來則和實際年齡相去甚遠。就連穿著、行動、思考方式也可從一個人身上找出許多不同的風格來。

在這樣一個多元化和價值觀差異很大的現代社會，想要套用向來一貫技倆的促銷方式，已經行不通了。爲了應變這樣的市場，不論是否爲相同市場，一定要立即展開衝勁十足的行銷方式。而且，也不必擔心「名冊管理」，只有自己的主觀而造成競爭更加困難的問題，因爲對所有的顧客都一律投出同樣的DM(直接宣傳郵件)，不但反應效果低，在印刷費、郵資、人力等經濟考量之下，恐怕也不合算。不僅如此，如沒有做好顧客購買資料的收集工作，也不用期待能做出有效果的商品企劃及販賣促銷了。收集必要的活動情報，以及戰略性地活用這些數據資料，才能夠賦予「顧客情報管理系統」真正的生命力。

心得欄 --

十三、新式的顧客情報管理系統上市了

掌握了市場動向、可塑性高的市場擴大戰略稱為「動力行銷」，而其中卻有著各式各樣的展開方式。下面介紹一個具體的例子──「生活創造型促銷戰略」。

所謂「生活創造型促銷戰略」，便是在認識了顧客的臉、其品味如何（特別是對商品）、其生活形態為何之後，展開精準而確實的販賣促銷活動，進而以生活設計為將來銷售後路來支援。行銷架構以消費者為中心的現在，依消費者之生活設計的方式衍生出企業戰略，加以差異化之後，各企業便展開彼此之間的競爭，而這種傾向日趨明顯。這也是目標行銷中最有效的方法了。

到那時，企業所採取的姿態，不再是「愛賣不賣」的表情，而是費盡心思構思如何配合顧客的狀況，徹底提供使客人愉悅的「商品」、「服務」、「地點」、「時間」才是。若不適合顧客購買的商品，也要有使其放棄購買的誠意。這樣的經濟累積，應該就能達到提供顧客享受美好「生活」目的。

如此一來，不但能增加企業的壯大機會，還能提升企業的形象地位，也能帶動創造新「文化」的風氣，這些都是企業應有的認識。一個汲汲於追求營利的企業，無法孕育出任何「文化」，也無法具備領導者的風範。

顧客情報管理系統的產生，是為了實現「生活創造型促銷戰略」的活動。

所謂「顧客情報管理系統」，雖是指藉收集累積顧客情報和商品情報，將之互相比照、檢索並多方詳細評估，以其結果來掌握顧客的動向的系統，但其中重要的是，這些情報假如只有靜態訊息(基本資料：姓名、年齡、住址等)，而沒有動態訊息(購買記錄：在何時？在何處？誰買了什麼東西？買了多少？花了多少錢？)。若將之系統化則如圖 1-2。

圖 1-2 顧客情報管理系統

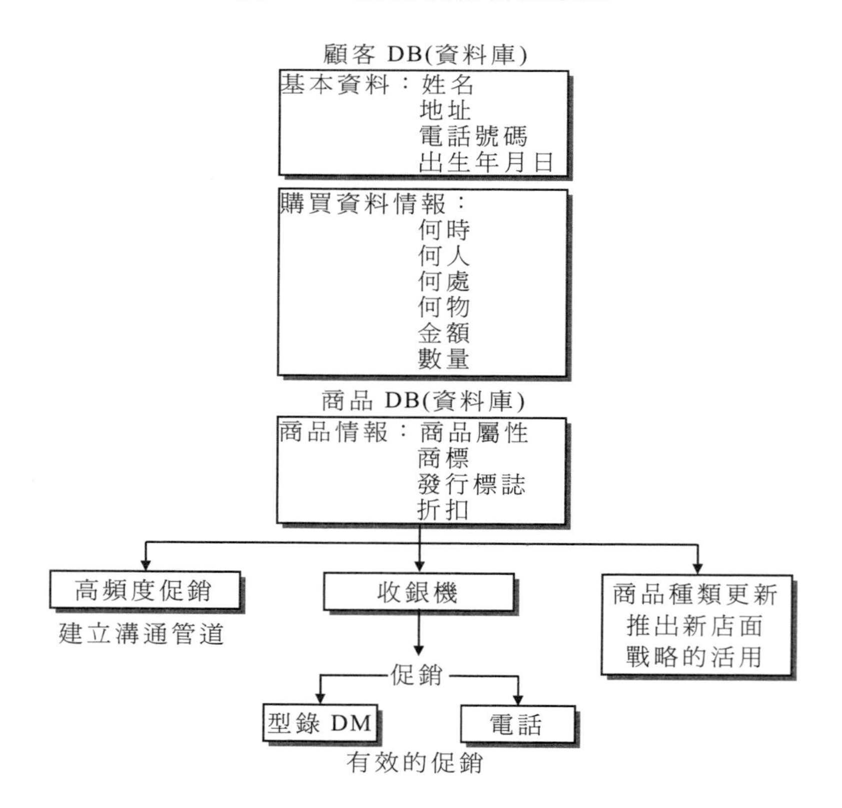

當我們把爲何？如何？等的情報也加進服務檔案中的話，情報的精密度就更高了。不過，情報不是愈多愈好。要根據用途與目的所收集來的情報，才是最重要的東西。即使引進 POS 爲媒介工具、向顧客散發會員卡，若不善用收集到的數據資料的話，POS 也不過只是一部情報收集機器罷了，反而惡性地增加成本。

如果抱著「反正有了機器就可以安心」，或是「只要發行了會員卡就可以放心了」的想法，最後不但會對提供機器的製造商不滿，還會促使本已穩定化的重要顧客的疏離。

・要充分認識所得情報的重要性。

・有效地駕禦情報。

・要將人性的考量加入計劃中。

・要有整合一貫的執行體系。

這樣，才算是像樣的「今後的顧客情報管理系統」的開始。

另外，還有一個問題，那就是爲什麼需要「顧客情報管理系統」的存在？答案約可分爲兩點。

(1)因爲伴隨著平衡現象的崩潰，市場預測的困難度提高，因此情報收集的必要性也愈來愈強；另外，當我們發現目標逐漸轉向「單獨顧客」、「企業」時，爲了更有效地吸引顧客，數據資料的完備是很必要的，而電腦系統的支援也是不可欠缺的。

(2)即使如此，若市場規模小的時候，就不需要依賴電腦系統。但是，畢竟生意還是想要做大筆的，若意識到了廣大的市場，而不採用「顧客情報管理系統」是行不通的。一個老練的生意人，以自己的「人腦」所能輸出的顧客數量頂多 200～300

人左右；當人數超過 300 以上時，就得瞧各人的本領了，更何況企業裏的幹部又不見得全是老手。若想讓每一個職員都能有好的業績，就要將老練職員們的方法先標準化、條例簡明化，使任何人都能以這標準，不論在何時何地都可以遵守比較好。也就是作業方法的系統化是很重要。

「顧客情報管理系統」只不過是市場戰略活動中的一部份，只是一個工具而已。爲了強化和生活者(顧客)的關係，使其更機動化、讓沉睡的生活者活性化，雙向的溝通(和顧客的交流)就愈來愈重要了。因此，和生活者有交集的地方，便是徹底從人的內心上去追求。不但對自己職員做事業的教育訓練很重要，企業形象也要重視；此外，盡可能和其他系統做連線，再加以推進往戰略性情報化發展，這也是很重要的。

主角並不是系統本身，而我們可以從系統中抽取出必要的情報、認識顧客、確認生意的流暢性、發現異常的狀況，也就是說掌握了一切的資訊，能夠做判斷的人才是真正的主人翁。參與其事的人，若想要整體地、持續地實踐「顧客情報管理」，熟知市場戰略活動手法以及把握市場動向兩點，這是相當具有意義的。

十四、顧客終身價值

測試直複行銷活動的效果時，不僅要考慮這次直複行銷活動的直接效果——反應率爲多少？銷售額爲多少？盈利了多少？更重要的是要考慮顧客的終身價值，即從長遠的觀點看，某位顧客在其有生之年共購買了本公司的多少產品，爲公司提供了多少利潤收入，顧客終身價值的概念現已成爲西方行銷領域一個十分重要的概念，在數據庫行銷中尤其重要。

精確地計算終身價值需要合理的思考，並且以客戶的購買狀況作爲基本信息加以衡量。接下來所列方法是用過去的基礎模式來計算未來顧客的終身價值。當業務改變，這些模式也要隨之改變，以反應現狀。終身價值計算法如下步驟：

⑴將顧客看作是可以按照最後一次購買時間、經常性、購買金額、購買商品或其他標準來訂定，這些單位的數量必須足夠代表顧客反應的不同處。數據不要太多，具有代表性，在統計上能產生精確的結果就可以。精確的終身價值計算通常運用到 25～100 個單位。

⑵選擇一個時段來追蹤結果。6 個月的期間是一個較好的時間距離。

⑶估計成本的貢獻率和開始進行時盈利是從那些顧客所獲取的。例如：

①追蹤在這個時期和顧客有關的所有成本與收益。

②用媒體追蹤單位仍不精確，因爲這段時期裏有些顧客會由這個單位轉移到另一個單位。

⑷從這個期間的開始到結束，描述顧客在各個單位間的移動。例如，一個單位開始時有 1000 個顧客，在另一個時期開始時是否有 1000 個同樣的顧客，這是分析時最敏感和最複雜的部份。

⑸計劃未來幾個期間後有 1000 個新顧客移動，用這個顧客

移動的模式在第 4 步驟裏描述，這個計劃要夠長，才不會只有少量的東西可供觀察。

⑹用每一個時期計劃如第 5 步驟的每一個單位的顧客數目，依據步驟 3 的年財務績效信息來計算每一時期的貢獻量。

⑺應用資金成本，運用利率方式來表現要有多少報酬率才可以作投資。資金成本是按照現值的觀念計算出來的，例如：

①一家公司的資金成本年利率是 12%，這表示今年投資 100 元，明年至少要有 112 元的回收才夠本。

②如果公司沒有計劃的數字可用，年利率 12%的合理的數字可用來計算。

計劃的現金流量，在所有的時期都可用年利率調整爲第一期的一元錢。例如：

⑴運用最後購買時間劃分顧客。用 6 個月的間隔劃分所有在近三年來購買的人。

⑵用 6 個月時期作間隔以供分析。

⑶對每個單位：

①確認每個期間開始在單位裏的顧客。

②從這些顧客身上在期間內所獲得的總的收益。

③計算在這個期間裏所有顧客的成本，包括促銷、廣告和執行。

④貢獻是指總收益和總成本的差額。

⑷在表 1-1 顯示的計算新群體在開始的 0～6 個月期間，1000 位顧客的移動狀況和財務貢獻。資金成本爲每期 6%(一年爲 12%)用作未來各期的折現值。主要的數字爲累積折現貢獻量

12590 元，是這 1000 位新顧客的總貢獻量。

表 1-1　顧客貢獻額

新群體	每個顧客貢獻額($)
0～6	4.39
7～12	2.20
13～18	1.20
19～24	0.57
25～30	0.07
31～36	0.09
37+	--

(5)在時期結束時，顧客在單位內移動可摘要如下表。

表 1-2　顧客貢獻異動表

顧客	期間									
	1	2	3	4	5	6	7	8	9	10
0～6 個月	1000	250	190	154	130	108	86	62	48	37
7～12 個月	0	750	187	142	115	98	81	64	46	36
13～18 個月	0	0	622	155	98	81	64	46	36	
19～24 個月	0	0	0	574	136	104	84	71	59	47
25～30 個月	0	0	0	0	498	124	94	76	65	54
31～36 個月	0	0	0	0	0	468	117	89	72	61
37+	0	0	0	0	0	0	454	568	654	724
貢獻度	4390	2743	1877	1458	1060	818	685	521	401	310
貢獻額折現值	4390	2588	1671	1224	840	611	482	346	251	183
累積折現貢獻額	4390	6978	8649	9873	10714	11325	11808	12155	12406	12590

此計算顯示每位新顧客的終身價值 $12.590 =($12590/1.000)。這可擴展爲：

①求得期間貢獻。此分析顯示忽略所有第一次訂購收入和成本，會有效地分攤至顧客的購買過程中。

②更多的時間。然而期間 10 的貢獻額很少，再多算幾期所加入的數額會更微小。在很多公司，通常只算到 10 年。

③詳細的財務計算。貢獻額可細分如收益、出租名單、銷售成本、執行成本等等。

④因爲耗損，所以檔案裏的顧客會損失一些。

心得欄

第 2 章

市場細分化戰略活動的方法

在認清市場細分化的優點後，企業要調查自己所設定對象的市場特性，並加以分析，一定要把握住各層別的價值觀、生活方式、消費習慣、對服務的要求度如何等。

一、市場細分化

不管是任何商品、服務，都不會存在於單一市場。市場是由各個層面所組成的，而第一階段的市場細分化，便是將市場依變因加以細分，以對象的決定爲前提條件。

市場細分化的方法中，由於變數過多，若將想得到的變因全部用上的話，會造成實際運作上極大的困難。沃爾得•維亞就指出「一個終極化的市場區分，便是一個一個的個人」但是，除掉了特殊的個案後，就無法算是生意了。市場愈大時，必然要面對更多的事情。

換句話說，市場細分化是指對企業本身而言，取其較有價值的變因加以細分，對於沒有意義的因素，就應捨棄不用。例如，一般常以女性所喜好的雜誌類型，來區分女性消費者市場，但也不致於毫無對象、目標地花大筆錢去做促銷。通常受歡迎的雜誌樣式常常更新，何況一個女性也常常會同時買各種不同的雜誌。

市場細分化大致可依行業界、行業形態、行業種類三項來區分，但實際上廣義來說，年齡別、性別、年收入別、職種別、地域/商圈別、已婚/未婚別等項目也是一般被列入考慮的。在此舉兩個非常典型的例子。

1. 依年收入所做的市場細分

在美國的金融界，通常以年收入、年齡之外，還以地區、職業、已交易商品來作爲市場細分的依據。這是因爲在美國依其居住的地域，便可比較明確地判斷出其生活程度；依其職業(醫師、律師、會計師、公司負責人等)，便幾乎可掌握其年收入及生活型態之故。在日本金融界、特別是銀行，只能由高存款戶掌握富裕人口，並無法對全體存戶做市場細分。只以高存款戶為市場細分依據的話，常常會落入陷阱中，因為常常會有只有 50 萬元的存款，事實上卻是個億萬富者的情形。

表 2-1 是某公司的例子，他們將顧客以「年齡」、「年收入」分為 13 等級顧客層來管理。

表 2-1　市場細分化

<table>
<tr><th>年齡層
年收入</th><th>25 歲未滿</th><th>25～34</th><th>35～44</th><th>45～54</th><th>55～64</th><th>65 歲以上</th></tr>
<tr><td>50 以上</td><td>青年
高額所得者層</td><td colspan="3">中年
高額所得者層</td><td colspan="2">老年
高額所得者層</td></tr>
<tr><td>35～50</td><td colspan="2" rowspan="4">青年
中間所得者層</td><td colspan="2" rowspan="2">中年
中間所得者層
(中上)</td><td rowspan="4">後備軍
人中間
所得者
層</td><td rowspan="4">退休中間
所得者層</td></tr>
<tr><td>30～35</td></tr>
<tr><td>25～30</td><td rowspan="2">中年
中間
所得
者層</td><td>中年中間
所得者層
(適可型)</td></tr>
<tr><td>20～25</td><td>中年中間
所得者層
(保守型)</td></tr>
<tr><td>15～20</td><td rowspan="2">青年
一般層</td><td colspan="4" rowspan="2">一般層</td><td rowspan="2">退休
一般層</td></tr>
<tr><td>15 未滿</td></tr>
</table>

這個顧客細分戰略的目的如下：

⑴開發優良顧客。

⑵發現暢銷商品的購買顧客層別。

⑶價格的設定、變更。

⑷策定商圈地區全體的經營計劃。

⑸DM、大眾媒體的活用。

⑹商品的包裝化。

至於在顧客層面上具體的活用法，如下所述：

⑴顧客層的市場規模爲何？

⑵成長及成功可能性爲何？

⑶現在的市場佔有率爲何？

⑷相對應的高價商品爲何？

⑸對成本的貢獻度爲何？

由以上 5 點來分析各個顧客層，並加以評估，算出期待利益、預測未來市場的需要等等。

在美國有 FDR(FIRST DATA RESOURCES)、TS(TOTAL SYSTEMS)、第一銀行等金融卡委託處理服務單位，以及 D&B(DUN & BRAND STREET)、ABI(AMERICAN BUSINESS INFORMATION)、DM(DONNELLEY MARKETING)、梅特羅梅爾等名單販賣業者，大大小小不勝枚舉。他們販賣的名單也包含了企業情報、生活者情報、住址、職業錄、問卷調查顧客一覽表(對DM 企業的促銷表示反應的顧客名單)，這種一覽表的生意非常好。冠爾・斯戴特公司便和那類市調公司定下契約，活用了外部數據資料，得到他們所需要的數據。例如：人口統計學的數據(年齡、性別、家族成員、學歷、收入、不動產所有權等)、心理學數據(知性、個性、行動等)、調查機關的人口統計學的平均值、信用卡情報等。甚至做獨家問卷調查，透過會員卡申請書，來建立自己的數據資料等等。

以下舉兩、三個活用顧客細分化分析結果的例子。

①計算出某年齡層對成本的收益貢獻度爲多少？例如：青年層的年收益中，一般層的年輕人是 230 美元、中階層所得的年輕人爲 340 美元，高收入年輕人所得層爲 1030 美元，在青年層中能夠期待有最高收益的市場，應是中階層所得的青少年們，因爲高收入的高階層青少年，人數絕對是較少的。

②爲各顧客層排出優先順序，加以分類後展開促銷活動。例如：

a. 對於銷售貢獻度高的顧客層，展開積極的促銷行動，不惜投資金錢和時間。

b. 以於中間層顧客的服務，則要維持現狀。

c. 對於一般層的顧客，僅止於提供基本服務，維持於不出現赤字的狀況即可。

③針對各顧客層，企劃提供適合的商品。

a. 對全體顧客層提供基本的金融服務。

b. 對於被鎖定爲對象的顧客層，應有特別的金融服務。

c. 展開商品的相關行銷(包裝販賣)。

d. 以平價商品的價值來取勝(以價格優於價值爲重點)。

除了採用顧客細分、市場分析等方法外，還利用 ATM(AUTOMATED TELLER MACHINE)更先進的技術，最新型的 ATM

可用來完成支票現金化後入賬的工作。利用這些工具的靈活使用，未來可設置無人化管理的未來型店鋪。現在正有6個先趨店在實驗中，在同公司中目前ATM利用狀況及其效果如下：

①支票兌現…50%(其他行業約10%)。其中的60%是利用平日營業外的時間進行，40%是利用星期六、日。

②引進了新型ATM後，交易量每個月增加到了27000件(原來一個月約8000件)新戶頭交易也增加了。販賣活動達到了效率化目標、職員人數由4人減爲2人，甚至連營業店鋪的經費，一年也可減少15萬美元。

人、物、資金，再加上時間和情報，在該使用資源時便用，該省處則省，便可預見收入將增加而成本將降低的遠景。換言之，現代是差異化的區隔時代，是追求品質的時代。

2. 依年紀別、性別所做的市場細分

爲了使讀者易於瞭解，按年紀別、性別所做的市場細分化案例簡單說明(如圖 2-1)，至於在實踐方法上，以這類變因所做的細分化要求稍微高一點的精確度，才會有效果。在此，女性以12歲以上的中學生爲對象，男女混合的兒童市場對象則在11歲以下。

⑴**兒童**。由於地價上揚及女性自立之故，不結婚症候群的增加，導致了出生率的降低，在考量兒童市場時，不光是透過報紙、電視的報導，還要環顧四週，便可體會到小孩子很少的感覺。以下列的數據便可驗證此事(日本例)。

出生數：1973年　2107000人

1998年　1142000人(預估)

圖 2-1　市場細分化

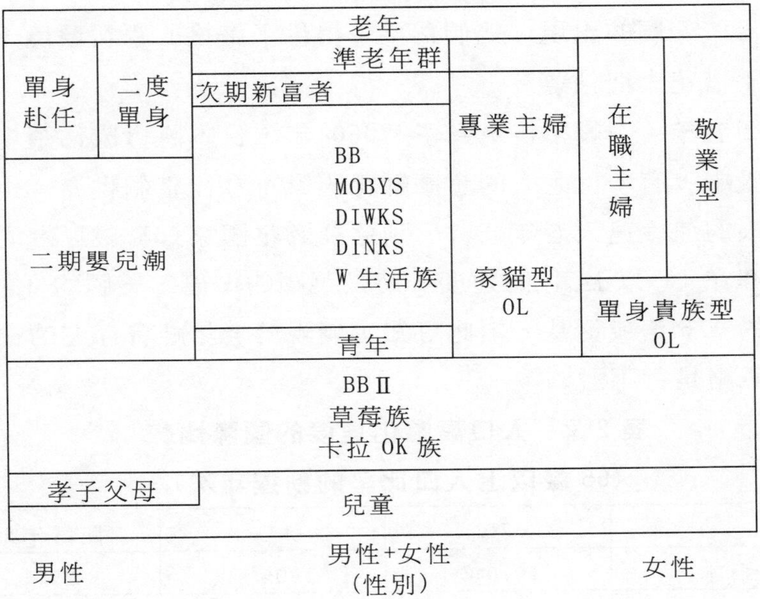

老年
單身赴任
二度單身
準老年群
次期新富者
BB
MOBYS
DIWKS
DINKS
W 生活族
專業主婦
家貓型 OL
在職主婦
敬業型
單身貴族型 OL
二期嬰兒潮
青年
BB Ⅱ
草莓族
卡拉 OK 族
孝子父母
兒童
男性
男性+女性
(性別)
女性

特別合計出生率(日本厚生省數據：14～49 歲的女性一生所生的嬰兒數)

1990 年發表數據　　1.57 人(89 年)

1991 年 5 月發表數據　　1.53 人(90 年)

1991 年 6 月發表預測數據　　1.35 人(96 年)

這些數字，比戰後出生率最低年 1966 年的 1.58 人還來得低。一般認爲，人種的保存必需有 2.1 人的出生率，因此這些數據所代表的嚴重性，便可想而知了。

但是，數量雖然少了，孩子的教育費佔家計費用的比例，在 89 年爲 22%，同年的恩格爾係數(Engel factor)爲 27.5%，水準是可相匹敵的。年輕的夫婦雖然生的孩子較少，但就像「孝子父母」一詞的出現，他們爲孩子提供了嚴格的學習環境，並爲此不惜花大把鈔票。

⑵**老年。**一般預言，到了 2050 年，日本將會成爲平均每 3.8 人中，有一位老人的超高齡化國家。今後整個世界，也會以驚人的速度邁入老年社會。到達高齡化國家(65 歲以上的人口比率在 14%以上者)的速度，將是英國的 2 倍、美國的 3 倍、法國的 4.5 倍或更甚。由此可知，無視於老年社會存在的顧客細分戰略是行不通的。

表 2-2　人口高齡化速度的國際比較

(65 歲以上人口比率的到達年次)

	7%	14%	所需年數
日本	1970年	1995年	25年
美國	1945年	2020年	75年
英國	1930年	1975年	45年
法國	1865年	1980年	115年
西德	1930年	1975年	45年
瑞典	1890年	1975年	85年

這個年齡層包含了許多資產，可支配所得也不少。現在已形成日本國內 50 兆日元的最大市場了，預測到了 21 世紀初會更擴大，可能成爲 100～150 兆日圓的市場，由厚生省指導 150 家企業組成的「銀髮族服務振興會」已開先端，極有可能成爲一個市場區域。而老年層的特徵，不外乎是孤獨以及對健康的強烈不安，因此提供其休憩場所、社交場所、健康檢查制度等，

可說這個市場的成功性極高。

⑶**青年**。特別是 20～26、27 歲的青年，會有畢業旅行、結婚、生子等人生的大節目出現，最受人注目。對於和這些人生大事相關連的商品、服務，如何達到差異化以及開發出新商品，就得好好動動腦了。另外，這一層的青年們也絕對和流行脫離不了關係，不可忽略。不管是何種商品，都要提供其流行、帥的附加價值上去。面對這一層顧客不能只早半步，要搶先一步做好促銷也是很有趣的現象。如果一直維持低出生率的話，必然會引起青年市場上量的需求縮小現象，如此一來，除了需求量擴充戰略以外，質的充實也是迫切必要的。

⑷**次期新富者**。因都市土地、股票等上揚而賺到錢(CAPITAL GAIN)致富的階層，稱爲新富層。從金融界開始展開貸款業務，到泡沫經濟的潰散爲止，高級進口車，特別是賓士特別暢銷的現象隨之而生。最近，受泡沫惠寵的企業和個人，紛紛呈現潦倒凄涼狀，高級進口車業也是一片低迷。接下來應轉向機能性商品、效率商品的發展方向去摸索才是。

⑸ **OL**。現今被稱爲過著最優雅生活的人，便是 OL(上班女郎)了，和自己的娘家維持良好關係，只要是父母的財產都是自己的東西，飛漲的地價使得一間小屋子也成了一筆可觀的資產，可說是擁有 1 億身價的小姐。再加上最近年輕男伴的比例增加的因素，現在的小姐簡直可說是像個「女王」似的。他們把薪水幾乎都投資到充實自我上。文化活動、運動、美容、流行、化妝品、還有她們最引以爲傲的海外旅行等等。

再將之細細區分，約可分爲「家貓型 OL」、30 歲前後的「單身貴族型」以及更年長的「敬業型」等。針對這些層別不同的對象，該如何開發商品並走出差異化風格來，就成了企業的經營重點了。

其他還有如逐漸增多的在職主婦、單身赴任者、嬰兒潮(BB即所謂嬰兒潮期出生者。BB 爲 Baby Boom)、MOBYS(到 40 歲前後才生兒育女者)、W 生活族(想要加倍享受生命者)、第二嬰兒潮時期(嬰兒潮時期的下一代)等等。

甚至還可從其喜好的顏色等來細分化想要的對象，這相當富有多元性，而且有著各自的特點。在這個市場中，並沒有必要非得掌握住「大眾」的口味才能提高收入，這點要有認識。

在認清了細分化的市場後，要調查自己企業所設定對象的市場特性，並加以分析，一定要把握住各層別的價值觀、生活方式、消費習慣、對服務的要求度如何等。

企業在策定了適合各層面的行銷戰略(商品開發、促銷方法、營造企業、商店之形象)後，便要展開行動了。

美國市場持續地不景氣，在泡沫經濟崩潰後的日本，許多大企業的破產，以及庫存貨的調整市場上很早就有排隊購買的現象等，隱約都可看出景氣低迷。設法掌握住這市場的動向，「運用了市場細分策略也無法將商品售出」、「市場細分化已經落伍了」等意見都紛紛出籠，但若是照著公司已確立的原則擬訂出的戰略，應該要對自己更有信心才是。要知道若受到其他企業的搖擺影響而跟著動搖，輕易地改變既定的方針，才容易自斷前途。

並不是說非得要固守原有的方法不變，不論是舊方法、新方法也好，都有其基本哲理在，只是希望要認清楚它的初衷爲何才好，因爲生活者就是要追求「真實的東西」。

若將市場細分化中部份變因做改變的話，不論如何都會出現新鮮感的。這並不是單指就顧客層(年齡、性別、職業別等)這個切刮面來考慮，像由生活模式來做區分也是很有效的。把握了生活者的生活形式，可由其生活行動來區分顧客層、可由其支配時間的方式來區分，也可由其消費金額來區分等等。將上述的方法和實際的行銷戰略配合，便可知如何在 4P 上展開行動，進而推往考慮需求創造的問題上。這程序才是企業創造市場的發端。

當考慮到 10 年後人口銳減的問題時，可預想市場上需求量的減低，再發現到儲蓄率的減少傾向時，千萬要記住，未來的消費市場，將由量的擴大轉爲質的充實，這是一個無可奈何的事實。

「單品管理」日漸困難的 GMS 和超市中，顧客情報管理之前的 MD(商品管理)佔了其重要的地位，爲了掌握店內那些商品很暢銷，那些商品賣不出去等，會做貨物架調查。想要製造有廣大市場產品的廠商，也必需把握住銷售管道。因此，活用各種方法的市場調查及外在的數據資料是很必要的。

例如：以花王的市場情報收集系統爲例，1978 年起採用「迴響系統」(Echo System)方式，但收集情報的手段卻不只如此，還購買了尼爾森、SCI、西友史密斯、錄影帶調查等情報，以及 39 家大型超市 POS 的情報，此外，還運用了蘇菲亞美容相談、消費生活研究所調查的情報，致力於迅速確實地掌握市場動向及銷售情報，毫不含糊。花王的成功，在於他們如何處理豐富的情報、如何做到和別家廠商之間的差異化、獨樹一格，以及他們如何致力於研究開發和情報系統的活用。還有，即使是針對小商店的攻尖戰略，除了合理又有效率的貨物流通系統之外，也要提供自家獨樹一格的服務品質，這應該是未來的發展趨勢。

從顧客的身上去收集他們的特點（當然是遵照前述的重點），以便更詳細地區分去掌握每個顧客的「長相」。然後，將其大量地加以捕捉、加工分析後，再做靈活的戰略運用，這就是顧客情報管理系統。顧客情報管理系統，今後可能會由市場細分化的想法，轉到生活形式層別的新點子上去，而這些都是行銷戰略中不可少的要素。

3.目標顧客層的情報收集

第三種是依照目標客戶層而加以區分。目標顧客層的確定，應該是依據市場細分化而來的。

「情報收集點」，現在大家期待的不是靜態的情報，而是具有動態性的情報，也就是如活動空間的提供等，更具活潑的訊息。下面所舉的例子，便是敏銳掌握時代脈動的例子，但是在使用者（如企業、學生）方面，還談不上已充分知道運用的方法，今後利用方法的開發，將會左右到將來的發展性。

現代是情報和事業密不可分的時代，迷你服務可以運用情報，作爲加入無店鋪銷售的檢討，從生活行動中收集生活情報的例子如下：

①遷居預算。

②瓦斯檢查及改善服務費。

③利用 AI 做個人諮詢。

⑴**學生的舞會——學生活動中心**

出資企業：日商岩井、富士重工業、速霸陸興產等

會員企業：可口可樂、三多力、明治乳業等

事業概況：

①呼籲大學生及企業的參與、提供雙方直接參會的場地。

②在由學生主辦的舞會等活動中(可容納 1200 人)拉廣告。在入場券的背面填上個人姓名地址、大學、喜歡的汽車等資料，若是不填便無法進入，儘管如此學生不但不會反感，還讓參加的學生有優越感。

③企業界的新產品發表會、流行秀的實施。

企業目標：藉以掌握對流行最敏感的學生的消費行動及興趣等，在進行市調的同時，也散佈新產品的相關訊息，引發學生間的口頭傳播。提升學生對企業的形象，製造忠誠度，再加以網羅成爲顧客。至於提供給學生的服務項目，則有：提供社團辦公室(10 個空間)、電話、傳真接收、會議室利用、露天咖啡座、打工情報等。

⑵**學生的情報中心——比普蘭**

出資企業：日本信販(金融業)

事業概況：娛樂的提供、折扣優待、主辦自助旅行、各種票券、機票、JR 車票的預約、銷售。

①各種討論會、演講、各文化學校的介紹。

②辦理住宅相關的貸款事項。

③股市行情消息的提供、金融服務。

企業目標：意識到和生活者的新接點、情報收發基地、更進一步以提升企業形象爲目的。以大都會區的學生爲主要對象，藉著和他們輕鬆相處、聊天的方式獲取情報。

二、需求擴大型市場戰略活動

所謂第二階段的需求擴大型市場戰略活動，是將商品及服務針對所有關於生活者的層面進行促銷，企圖擴大其需求的方法。這可說是爲了拓展業務、使顧客固定化以及強化連鎖的一種戰略，大體上約可區分爲四個展開方法。

1. 人生大事型促銷戰略

隨著固定化顧客的成長，所提供的配合商品及服務。

⑴配合人生大事的圖書的郵購方式。

⑵提供配合人生大事的融資商品(銀行)。

⑶婚姻註冊。

⑷禮物註冊。

2. 生活創造型促銷戰略

⑴擴充連鎖使用的商品種類、服務群等。

⑵綜合生活產業化戰略。

3. 慾望舞臺促銷戰略

⑴配合慾望需求上升的因應方案。

⑵盆景、傢俱、擺設物品之銷售。

⑶錄影帶比賽等生活者參與型活動。

4. 人際間情報傳達戰略

⑴家族、好友之間的關係。

①女性的高水準會員組織。

②幼兒用繪畫教室。

③藉個人電腦通訊提供禮品資訊。

⑵口頭宣傳關係(製造擴大口頭宣傳的環境)。

主婦間的口頭宣傳網工作的組織化(DO HOUSE)

現代配合著自我實現五階段的需求，而產生的行銷戰略非常流行。馬斯洛的慾望五個階段是生理的滿足、安全、愛、尊敬、自我實現(啓發自我的創造性，進而去達成它)。

另外，還有尙未被普遍認識到的階段，馬斯洛又加了兩項上去：知識的需求和審美的需求。

文化學校及齒科美容等的出現，便是爲滿足以上兩種需要而產生的。尤其是知識需求將是今後的潮流之一，我們期待它將成長爲企業的一個層面。充實何種知識、如何去充實，這將會左右我們的文化品味。當知識被當作需求去追求的時候，站在供給面來考量則不單只有感性的成分，應該也會對知性有所訴求。

另外，需求發生的原因有二：⑴內在因素(肚子餓了、需要衣物禦寒……)⑵外在因素(在除夕夜突然想要大吃一頓、想要一件名牌設計的衣服……)。

外在因素的需求可利用行銷活動來引發、操縱，這種狀況的行銷活動，完全是由生活者的切面來展開的，切勿忘記。若連這點都能認識到的話，市場就能無限地延展下去了。怎麼說呢？只要有人的存在，就會衍生出無限的慾望出來。而人際間情報傳達戰略是利用人與人之間情報的傳達，通常老字號都是活用此方法，效果頗佳。

三、人生大事型促銷戰略和生活創造型促銷戰略

1. 人生大事型促銷戰略

所謂人生大事型促銷戰略(Lifestage Marketing)，是指配合目標顧客的成長，針對其所經歷的人生大事進行促銷的方法。

提到人生大事型促銷戰略，一般所知的是美國迪拉茲的婚姻註冊系統(圖 2-2)。最近的禮品註冊更受大眾歡迎，除了迪拉茲以外，其他主要大百貨公司也構築了一些數據資料，開始採行這一類的服務措施。

圖 2-2　婚姻註冊系統

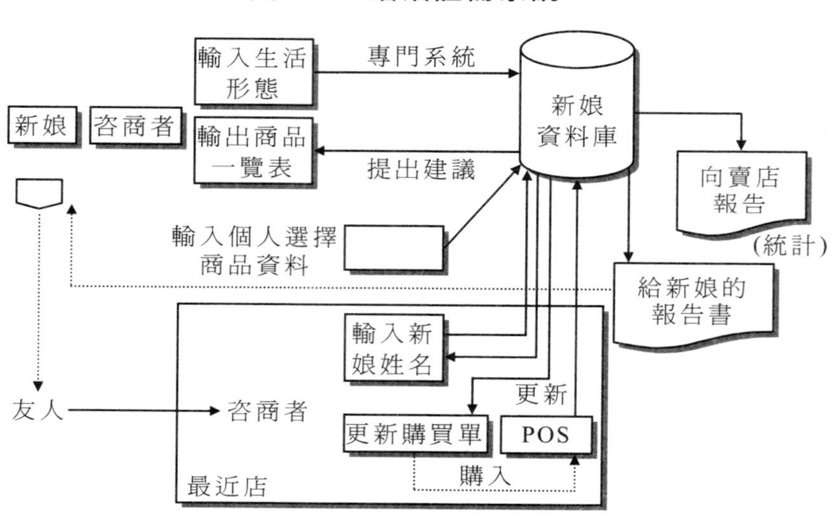

許多的商店利用觸感螢幕或 PC 鍵做簡單的輸入，而且爲了便於讓顧客更易於瞭解，已採用結合映射及聲音的機器，另外已有公司在試用「專家系統」，利用於禮品咨商服務上，這也是爲了促銷的手法之一。

迪拉茲公司獨特的風格和強有力的經營陣容，一直得到生活者們的信賴，在景氣漸走下坡的市場上，他們仍順暢地拓增收入(比前年度增加 23.6%的收入)，在此將婚姻註冊系統做個概略的說明。

迪拉茲的婚姻註冊系統:

①在迪拉茲的資料庫中，已經預先輸入了新婚家庭所必需的物品。

②當準新娘顧客上門時，專門的咨商員將以資料庫中存有的商品一覽表爲基準，推薦新婚家庭所必要的或是便利的東西，顧客便由其中挑選其所需要的東西。

③將顧客挑選的商品以及新娘個人資料輸入。

④新娘本應將婚禮邀請卡分送給友人的，但此時只要在婚姻註冊系統上做個登記便可了事了。

⑤親朋好友們到最近的一家迪拉茲公司去，告訴櫃檯新娘的名字。立刻就會輸出一份最新購買單，便可從其中買一項最合乎自己預算的禮品了。

⑥可以依據 POS 做即時的更新。

⑦整個作業結果向新娘報告的同時，賣場也會得到統計資料報告。

採用這種方法，不但對顧客而言較經濟實惠，在店家方面也減少了被退貨的機會。此外，當這套系統被採用時，被認爲是遠景看好的一套方法，因爲這個系統從累積的個人資料及購得的履歷中，一直可能延伸到顧客將來的生活，甚至連其小孩也能被列在促銷對象中。這就是所謂人生大事型促銷戰略的展開。

2. 生活創造型促銷戰略

追求有變化、悠閒的 90 年代，浮現的是追求真實、強調個人的生活者雕像。未來對於生命和人生態度，從今以後也要換個角度來捕捉。

企業對於這樣的生活者群，不但要從感性面、更要從知性面去接觸才對，因此有必要將生活者的生活方式做更精細的掌握。這得站在生活創造型促銷戰略中去考量掌握的方式，也就是從顧客所購買的商品去解讀他的生活形態，判斷出他所需要的連帶商品和服務後，再進行促銷宣傳。這便是生活創造型促銷的方法。

商品準備和價格決定，也是由生活者的生活形態推測出來的，但此時重要的是如何由外在的生活形態中，挖掘出看不到的、潛在的生活形態？以及將其置於企業的企劃階段中討論，然後由製造開發部門將結果做成商品，在市場上做實際的推行。光只利用 POS 掌握銷售情報，在 90 年代將很難吸引生活者上門。

(1)美國小販賣業的電子行銷

在小型流通販賣業中，通常顧客情報管理是由百貨業打先鋒的，在美國亦是如此，因爲向來美國的百貨營業收入特別低，要判斷採用系統化是否合算是一個很困難的問題。除了百貨業以外，其他小販賣業所採行的電子行銷方法中，以下列案例最爲人所知。

①雜貨店的顧客資料(Profile)

對顧客的購買資料做管理，並實行售後服務，提供各種商品的 DM 等情報服務等。

②超市的電子回數券

在結賬時由 POS 自動發出一張回數券，顧客下次光臨時可憑此享受折扣優待。

③超市的常客制度

收集累積客人的商品別購買資料，針對各個人的需要發予電子回數券，活用目標行銷法。

④綜合數據情報制度

收集人口統計學的數據，也就是在何處住了那些人的資料，和來自「R」的購買情報，即那個年齡的人有多少收入，買了什麼樣的資料等等，加以整理分析後，分爲六種顧客層。在那一個商圈的那一種商店中，那一階層的消費者最多，而這些消費者又隸屬於何種分類群，因此應提供何種商品種類最恰當等資訊，提供給有契約關係的超市作爲情報。

今後電子回數券將會發展成「折扣卡」的形式發行，在結賬時按折扣卡的提示，會自動將回數提供商品折價計算，可說是服務週到。如果是較大型的企業，可以藉此更進一步地藉由折扣卡所得到的顧客購買資料加以建檔，除了可以用來分析顧客的生活形態以外，還可發展提供生產者資訊的業務。

在 1990 年 5 月，芝加哥的 FMI 所發表的「自助式制度」，節省了一筆高昂的人事費用，成爲一時的話題。他們先安裝了電子掃描器以及輸送帶設備，顧客將想買的商品自己置於掃描器上，機器會自動送出一張表示總額的收據來，以後只要用專用的卡插入機器便可結賬了。這套制度不但有防止犯罪的功能，還活用了卡片制度的優點，將顧客靜態情報(基本資料)以及動態情報(購買資料)、各次購買金額等資料庫存化，再予以分析，藉以把握住顧客，再衍生出提升服務品質的對策。

圖 2-3　顧客層別比率

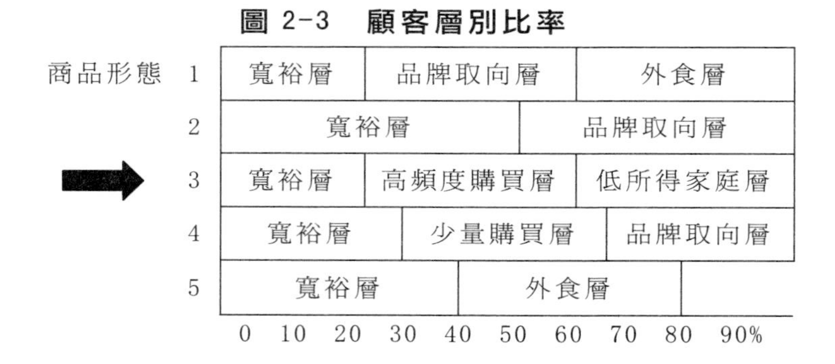

⑵西亞茲·羅巴克的消費記錄卡戰略

生活創造型促銷戰略，包含了將生活全面涵蓋的戰略，也就是所謂的綜合生活產業化，而最典型的代表例便是西亞茲·羅巴克的「消費記錄卡戰略」。他以「卡」爲媒介，在商品、服務、金融商品以外，再添加了情報的提供(附加價值)，以此方法將生活者全面地包圍住，如圖 2-4。

①當顧客上門購物時，以具有結賬功能的消費卡來付賬。重點是讓顧客擁有一張卡，並且促使他們使用它。

②根據消費卡的記錄，慢慢累積顧客的情報。

③將情報用心分析後，展開關係行銷。

圖 2-4　生活全面圍攻戰略

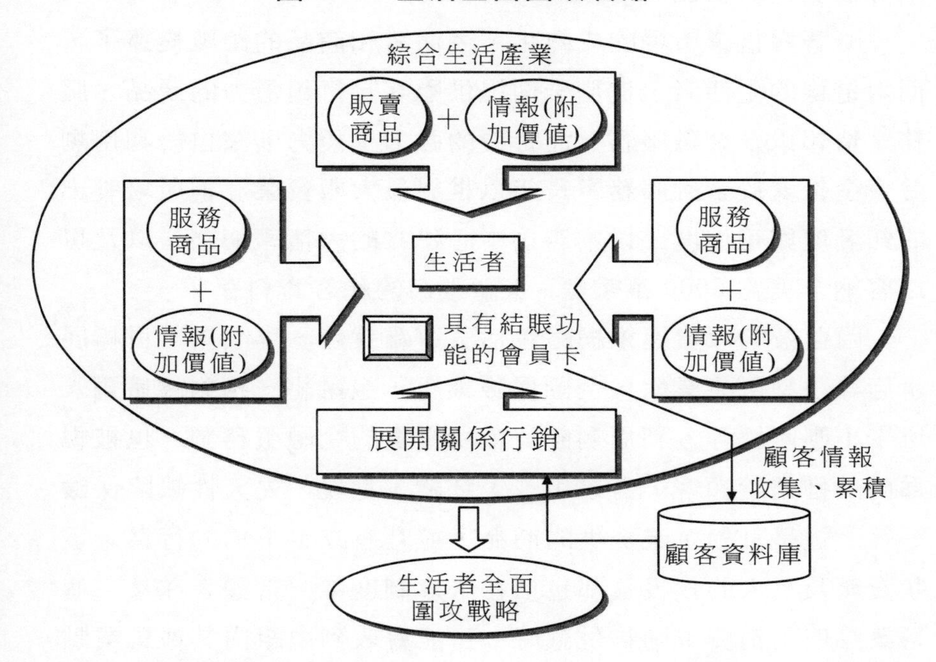

④提供的商品不單只有貨物，連服務、金融商品也一併列入，將目標指向「綜合生活產業化」。

⑤爲達到和競爭對手的差異化，對生活者提供對其有益的、有附加價值的情報。

這些程序最後會發展到將生活者的生活系列，全面列入企劃案中。

最初在「不單只是發行信用卡」的戰略下，發展出消費記錄卡的西亞茲，又將目標轉向「第三卡」、「多功用卡」、「綜合生活者金融服務」等重點上，他們想要利用一張小小的卡片，能扮演著結合小販賣業、金融服務、保險、證券、儲蓄以及貸款等接著劑的功能。

隨著零售業市場的成熟化，生活者和商品的距離變遠了，面對這樣的生活者，他們全面提供顧客具行銷潛力的商品、服務、情報以及金融服務。而背後的強力支援力則來自於利用剩餘資金投資於金融服務、長年以世界最大販賣業者稱所培養出的知名度與可信度、以本店爲中心建立的大情報網路，以及可以容納全美約 6000 萬家庭、1 億人口的顧客資料存庫。

西亞茲的販賣連鎖網路包括了：雜貨店、專門店、目標展示店等小型販賣業組、全國保險業組、金融組、柯爾德威爾•班卡不動產組等。利用剩餘資金所投資的金融服務業，也被視爲商品推銷給顧客，有信用卡、貸款、兌現、先天性缺陷保險等等，這是針對企業提供的商品，並且有立定契約的行爲。這些資產及巨大的預投資都包括在卡片制度中，當顧客在某一個營業點使用消費卡購物付款時，可能會收到由組內其他營業點所發出的促銷宣傳。

在有信用卡大國之稱的美國，超市由於薄利多銷、營利額低之故，目前在卡片業務上仍呈現一片空白的市場，因此西亞茲已著手向各超市推薦消費卡制度的好處。他開出了使超市業者容易心動的條件，展開攻勢。對超市業者而言，只要對自己有利的東西當然沒有理由不想接受。當然，VISA 卡和 MASTER 卡也加入了競爭行列，使得克羅加、拉爾菲斯、塞福威等超市也引進了信用卡。另外還有多角經營的一個例子：西提寇普利用子公司銷售軟體包裝。這使得因跨行越業的出現，市場競爭更加困難了。

大手筆的零售業者漸漸採取「撈過界」的戰略以求取生存。不能否認的是，當企業體認到生存的困難時，大家都會朝另辟生路的管道去發展，也就是所謂「撈過界」。如此一來，如何在 4P 上，擬定出和競爭對手有所差異的風格就愈顯得重要了。

不過，西亞茲的本行販售業卻呈現了收入降低的情況，業績上幾乎形同潑出去的水一般。失敗的原因在於商品 100%全是自己的商標(PB)，這是調查西亞茲的購買顧客所得到的結論。原本 PB 是標榜著樹立自我風格、確保自己商品的優越性而被開發出來的，PB 的確發揮了一時之效，但結果卻是被生活者置於無視之處。因為生活者的口味是不斷在變的，而且同時兼具多元性，光是以 PB 是無法滿足生活者廣大需求空間的。

不妨試著為單一的 PB 開一個獨立的專賣店看看，要徹底地廢棄信用卡、標識等一切自己公司的東西不用。讓自己的店裏以自己的 PB 商品作為戰略商標，和其他賣同樣 PB 的專賣店競爭，並且不使進入專場店的顧客意識到其內的 PB，和自設店內的東西有何不同。這樣一來，便可判斷出顧客上門是因為 PB 的吸引力，還是店面陳設的吸引力了。若是判斷出自己的商標本身就非常有吸引力的話，便可採取積極的戰略擴充店鋪數量。

從另外一個角度來看西亞茲業績不振的問題，西亞茲無法逃開如：托伊察拉斯、薩奇托西提、荷姆帝波等同業殺手(混入較低成本的劣質商品，藉以打擊同業既存的勢力)的攻勢。J. C. 培尼也面臨和西亞茲相同的問題，他們將冷門商品減少，把熱賣的商品提高至原來 2 倍的數量，藉此補救策略挽回了一時的頹勢。換句話說，強化熱線商品及百貨店化的策略，結果形成避開和那些同業殺手正面競爭的局面。美國國內對此事的看法，一般認爲西亞茲對於自家商品的魅力太過自信，以及對金融商品的投入導致銷售利潤減低的下場。

可是在金融界活躍異常的西亞茲，在美國這個金融卡社會中，藉著被稱爲金融卡二大天王的 VISA、MASTER，給予阿梅克斯和 JCB 莫大的威脅；在日本也有個大規模的零售業大英公司，開始從流通業界、金融業界展開行銷手法，受到世人注目。尤其是利用結合了「行銷力」「網路系統」「資料庫」的綜合力量，所形成的「全面包圍生活」戰略是延續企業生存的功臣，也花了不少投資在其中，雖然它不是很容易模仿得來，但其出發點以及朝「長期和顧客做雙向溝通」的方向努力卻是值得學習的。顧客情報管理系統的重點之一，就是和顧客做雙向的溝通，這點千萬不能忘記。

⑶顧客圍攻策略的展開

對顧客進行生活全面圍攻的戰略，一直是大家討論的話題。它的理念雖然是由美國那兒學來的，但日本的運用手法卻富有極細緻的感性在其中，最近連歐美都注意到了日本大型零售業的實戰案例。

「MIND」和「HEART」的差別，若說前者是理性的，那麼後者就是感性的。原本就擅長感性管理營運的日本，在特別要求人性面訴求的顧客情報管理領域中，若以此理念爲主導的話，想當然會締造出比歐美國家更卓越的效果來。

丸井便是其中一例，他們將使用已久的獨家會員卡拋在一旁，以通用卡這個新名詞踏出了創新的第一步。其走向雖被認爲是專家研究的一個過程，但實際上卻以固有的姿態存在著，他們強調通用卡只是在眾會員卡的陣容中，補充強化其弱點罷了。他們利用會員卡蓄積顧客情報，除信件回收管理之外，還把握了顧客在其他商店的購買行動，這種新式戰略的開發，使其他同業者看到了一個示範實例。伊勢丹可說是會員卡公司中，勢力漸長的一家公司，可期待他日後的成長。

丸井一直以即時發行 ID 卡爲武器，來進行會員擴大。結果營業據點由群山到浜松，不但佈滿了關東地區，ID 卡的發行數量也在 1100 萬張以上，堪稱流通業界的 NO. 1。

利用引發生活者的慾望、需求，以及提供其生活中不可缺少的商品和服務來圍攻會員的方式，不用說，其幕後必定有個成功的會員組織化作基礎。

對會員進行圍攻的程序，比如在提供會員住宅服務的時候，不妨考慮提供像代辦手續等相關的服務項目。其他如搬家服務→傢俱、家電的折扣拍賣→電話的裝設→室內造型設計服務或保險等需求也會隨之而生。

在爲生活者謀方便時，也可以接著繼續開發相關商品並加以促銷，不過這就形成了以全面貸款來吸引顧客的戰略了。如何防止多重高額債務者的出現便成了課題，因此企業要抱持著「適可而止」的想法，就可避免過度的貸款促銷活動，並且事前將多重高額債務者的發生率降至最低。

換言之，視顧客的財務狀況來提供搬家、車檢、駕駛執照等分項的貸款及金融服務，其銷售所得和物販所得幾乎到達可相匹敵的地步，到 2 年後結算時，以金融爲中心的服務所得已到達 2703 億日元，開始超出一般販賣業收入的 556 億日元，似乎服務業和金融業也成了有甜頭可嘗的事業，和西亞茲一樣。丸井也主張「我們的本行就是廣泛的販賣業」，隨著「M. ONE 卡」的發行，從此實際地加入金融事業不也很好嗎？

⑷組群系企業的圍攻戰

此方法不是只有一家公司，而是由一群公司企業所組成的圍攻戰略，代表例是電鐵系組群。本來這些以運輸業爲本行的企業們，一直是各自運用圍攻理念進行自己的營業活動，後來爲了強化競爭力，便互相組合以組群的方式，從吃到用甚至娛樂，全部成爲他們的運作項目，這可說是「營業力的集結戰略」。

電鐵系企業群的生活相關事業，以電鐵爲中心，包括有：百貨店、超市、不動產、觀光業、飯店、計程車、娛樂業、餐廳、送貨到家等各式各樣的業種。在那兒他們建立統一的顧客資料庫，由本部進行一元化管理、展開顧客分析、需求預測、相關販賣等工作。不管在任何地方都可獲得本部的數據資料是他們的重點。對生活者提供統一發行的會員卡，提供一卡在手便可獲得所有服務的便利性。這個制度的根本在於和顧客生活行動相關的活動，希望全部囊括在組織的運作內。

若以結婚爲例，由一位顧客所引發的生活行動，隨便想就有下列這些事：先從結婚禮堂的預訂開始，到寶石、戒指的購買，還有住宿問題、給客人的贈品、邀請卡、接送禮車的準備、錄影照相、蜜月旅行、旅行用品、大型旅行工具的租借、新房子、搬家、室內裝潢及風格、傢俱及家電用品⋯⋯等等。換言之，對於一連串連續相關的行爲中所需求的物品、服務，如有能夠立即線上作業一元化處理的資料庫，不管在那種情況下都可預測掌握住。而這些訊息只有企業群內的企業才能率先接收、吸收到。這就是企業群戰略的好處了。

成功的原因，在於組內企業成員彼此間的牢固約束力。如果有了約束力和信賴關係的話，多少可避免內部鬥爭所帶來的元氣大傷。這不光只有企業群會如此，在大企業中也可見到內部不和的問題，但不要用太狹隘的眼光去看待此事。應該放棄個人在公司內部的成見，認識真正的對手藏在何處，而追求企業群間政策一貫化。不論有多棒的構想，若是被眼前近利給縛住了腳，只發行個別的會員卡，進行獨立的顧客情報管理的話，構想的實現恐怕遙遙無期了。

人生大事型促銷戰略和生活創造型促銷戰略之間的差異點，在於對前者而言並不需要非掌握住顧客動態活動不可，只要靠靜態情報便可以了；另一方面，生活創造型促銷戰略若少了顧客生活動向的動態掌握，就很難展開了。

生活是一直在改變的東西，所以要不斷捕捉他的動向。而靜的情報通常透過會員卡申請書、各種傳票、各種卡等可收集到，至於生活者的動向情報，通常以 POS 和會員卡爲收集媒體。

但是，以卓越顧客情報管理著稱的美國零售業之會員卡申請書上，並沒有「興趣」這一欄，因爲沒有必要。一般得知顧客動態情報的手段是靠顧客購買資料，何時、什麼人、在何處、買什麼、花多少錢、買幾個(爲什麼)等，取得需要的資訊。

由購買履歷中可得知其購物習慣、品味如何、生活形態如何等訊息，再加以預測其接下來的需求爲何，進行商品促銷。這種基本資料稱之爲動的情報，這被視爲在多元化的時代中最可靠的取得方法之一。興趣欄的要與不要視是否能從中獲取動態資訊而定。

圖 2-5　人生大事型促銷戰略和人生創造型促銷戰略

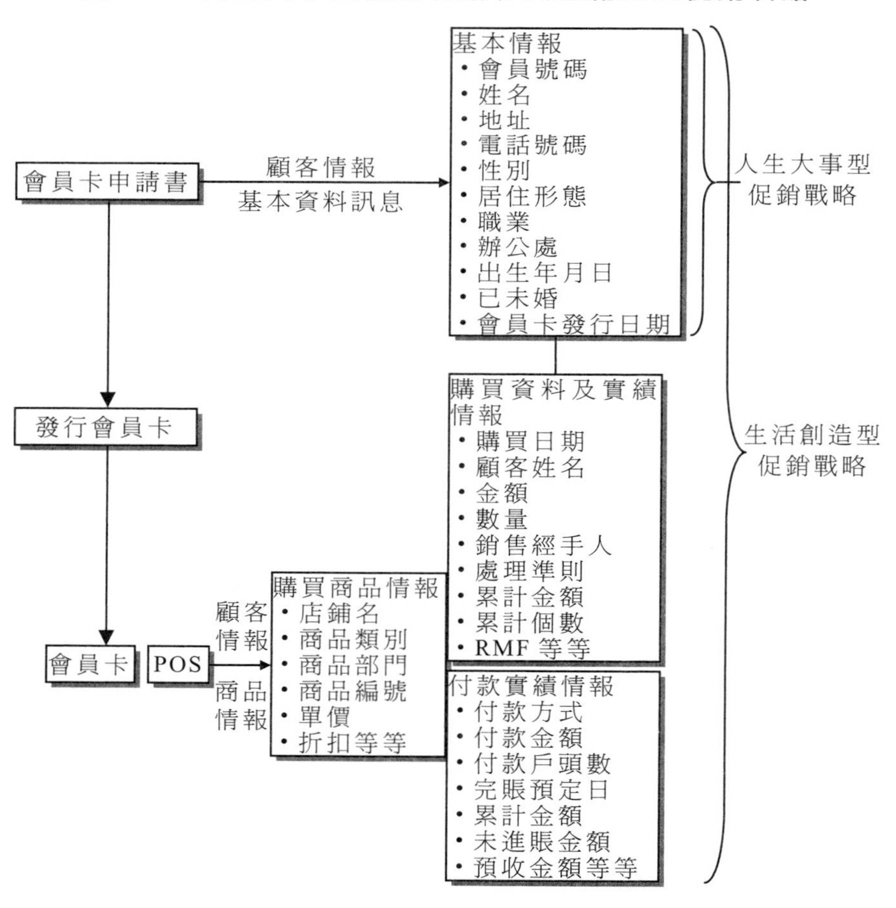

以現代的潮流看來，是否能做到和競爭企業的差異化、固定化，關鍵就在於「生活創造型促銷戰略」的應用。

上圖 2-5 是透過流通零售業為例，形成人生大事型促銷戰略和生活創造型促銷戰略的資料庫系統表。基本上為了實踐生活創造型促銷戰略，以 POS 和會員卡為工具所收集的顧客資料庫是最根本的架構。

3. 什麼是所謂的「顧客圍攻戰」

「生活創造型促銷戰略」是利用自己的商品、服務、情報提供等方式，將顧客包圍起來，狹義的解釋就是「顧客圍攻戰」。有人批評這對顧客而言是一種不禮貌的戰略，顧客可以自由決定他的消費方式和場所，而企業為了營利拼命地想抓住顧客的方式太過霸道了，但是那是針對名詞上斷章取義的看法，並沒有真正瞭解它的含義。所謂「顧客圍攻戰略」是以顧客的方便及利益、滿足為考慮，期待使生活者擁有較愉快的生活而產生的戰略，且其結果亦會為企業招來更多的收入，所以並沒有強制顧客消費行為的意圖。

現代是「生活者拉引的時代」，對生活者而言是他可以做選擇的時代。不管企業如何巧妙地拉攏顧客，主導權仍在生活者(顧客)手上。他可以在自己高興的時候、在喜歡的地方，買自己喜歡的東西，因此「顧客圍攻戰」並不會使顧客意識到它的存在。

「顧客圍攻戰」所抱持的想法是對目標顧客的「YOUR DESIRE」，即「提供您最想要的東西、提供您如此的優惠待遇」的方向，用心研究開發。基本上是希望使顧客感到愉快，過更舒適的生活，這和所謂綜合生活產業化一樣，都是以顧客的便利爲優先考量，如果以本身利益爲優先考量時，不但隱藏不了想要綁住顧客的企圖，也得不到顧客的青睞。

當在複雜的商場上有目標顧客對商品不滿意的時候，譬如，打出會員制的超高級形象的商店該怎麼辦呢？應該要限制一般顧客的光臨。甚至更進一步，可以爲了一個顧客而解放整個商品路線，並打出提供高級的優惠服務。下面是一些案例。

⑴以「究極專賣店」著稱的亨利‧班德爾，是位於美國紐約五號街上的一家高級婦人服飾專賣店，專門提供一些獨特的服務。現在特別顧客服務只限於早上 8：00～10：00 的營業前，和下午 6：30～8：00 關門後的時間而已，但是客人只要做到事先預約的話，就可以一個人慢慢地在 4 層樓、佔地 7000m^2 的店內遊走，覽盡自己所喜歡的衣服。而店員們則散佈在各個角落，等待顧客掏腰包的時機來臨。

⑵以卓越服務著稱的諾德斯托洛姆，是美國一家百貨店，他們的理念是「在做任何決定時，都要先考慮是否合乎『以服務顧客爲宗旨』的原則才定案」。甚至當店內並沒有販賣顧客所要的商品時，也會帶領他們到競爭者的店裏去購買，或是向其他競爭對手處購買的調度方式，常傳爲美談。在他們店裏面，服務到賣場以外的行爲是很正常的事。爲什麼他們能夠做到這一點呢？徹底的授權也許是原因之一吧！另外，身爲諾德斯托洛姆店員最高的榮譽，便是得到顧客們以自己的鞠躬盡瘁予以認同、肯定，全體工作人員都奉行「客人至上主義」。

日本 7-Eleven 便利商店的社長，說了下面這段話：「所謂顧客至上、服務第一，到最後常變成強迫客人接受自己的傾銷服務。以常識來推量是不正確的」。

顧客是性情不定、任性的一群人，這點要有認識，所以不要忘記應繼續充實、提升服務的品質，這是條嚴苛的道路。如果懷著這份誠意和顧客接觸的話，不但會增加顧客人數，也會使他們成爲本店的信仰者，廣義而言，也算是「顧客圍攻」的實踐。市場不斷在變動，今天的輝煌業績並不可能一直不變，企業戰略的競爭也不斷重覆著，像部引擎。

企業是「順應潮流業」，一旦跟不上潮流就會被淘汰掉，尤其在不景氣的時候更是如此。在這種不透明、不安定的市場上，經營困難不只是零售業所面臨的問題而已，金融業亦然，甚至所有業者都能感受到這個問題。實際上在泡沫經濟瓦解後，由不動產業、纖維業開端的破產企業激增，銀行之間的合併增加等，令人不由得想將目光轉離這變化激烈的市場。不要依仗一時的風光，接下來的工作是趕緊擬出一套戰略，在這其中可體會到事業的甘與苦。

當更進一步探求一個企業所應具備的風範，可從其中看到一具有風格的國家領導者的器度。而一個企業也該認識到除了滿足顧客的需求、使其生活更加美好以外，還要能爲其設計內在的生活，並提供其相關的商品、情報、服務等等，引導其享受真正的文化生活。要塑造一個有品味的國家形象，並不只是政治家的任務而已。

在這個激烈變動的世界中，一定不能背離朝政治全球化、經濟全球化的大方向發展。

第 3 章

顧客情報管理技巧案例

本章通過豐田汽車、伊勢丹百貨公司、丸井百貨、OKULA 大飯店等美日企業案例，強化收集顧客情報技巧。

在顧客會員卡中最具代表性的，應該就是信用卡了。目的將成為擴大會員卡市場這塊大餅的重要關鍵，利用這些會員卡來收集顧客情報，並且有效地將其組織化並活用，最後結果應可達到顧客固定化的效果。

美國不論那一行業，到現在還無法從嚴重的組織不良問題中脫身而出。即使是零售業也不例外，除了少數如沃爾馬特、察・理密戴特、美麗哥蘭德企業以外，像 J.C. 培尼和西亞茲等企業，大多數均處於低迷狀態中。連一直和民眾最親近的梅西公司，也提出了公司更生法適用的申請。可是，美國的零售業卻給了我們許多的提示。在顧客資料庫的構築上，眼前就有尼曼馬卡斯、西亞茲等美國主要的大百貨業者可做參考對象。

日本和美國最大的不同點，首先在於美國從很久以前，就普遍使用以卡片爲媒介的顧客情報管理制度了；其次，百貨店系的消費卡遠比銀行系的金融卡要出現的早，在百貨店或專賣店中，有半數以上的交易是透過卡片完成的。根據尼爾森報導指出，預測全美的消費依賴卡片結賬的比率，到了 2000 年時，將會由 1990 年的 14.7%升到 19.3%。和日本的現金交易市場相比之下，美國消費工具的最大特徵，便是極度依賴支票，而且佔總交易值的 30%以上(表 3-1)。

對生遊者展開行銷的手法之中，「卡片戰略」算是其中一種。企業界也開始有重視以卡片爲工具的「卡片組織化戰略」的傾向。「卡片戰略」在今日已被視爲行銷戰略的一個重點，這正反映了最近「卡片潮」的現象。

卡片組織化定義爲：「向顧客發行附加 ID 功能的卡片，藉著對象特定化以及消費者用卡付費方式，收集顧客的相關情報，並建立有效率的活用制度」。

表 3-1　美國的消費支出支付方法比例(1980～2000)

單位：百萬美元

支付方法	1980		1990		2000	
	消費	%	消費	%	消費	%
現　金	$923.4	57.7%	$1574.0	46.6%	$2591.8	45.1%
支　票	$540.0	33.7%	$1188.1	35.2%	$1807.8	31.5%
信用卡	$52.4	3.3%	$482.0	14.3%	$945.0	16.4%
借貸卡	$0.5	<0.0%	$13.2	0.4%	$168.0	2.9%
其　他	$84.7	5.3%	$121.8	3.5%	$234.5	4.1%
合　計	$1601.0	100%	$3379.1	100%	$5747.1	100%

「顧客管理」或「顧客組織化」不一定是很適當的名詞，重要的是如何藉著瞭解顧客特性，來架構和顧客溝通的管道，並吸引其他顧客上門。展開行銷的手段並不是只有「顧客情報管理」一種而已，也並非卡片是絕對必要的工具；相反地，使用卡片戰略的目的也並不限於行銷活動、顧客情報管理上。

一、客戶消費資料的管理程序

美國尼曼馬卡斯公司可算是採用顧客情報管理制度的代表例子。當到他們公司去訪問時，見到了職員閒散的模樣，可別立刻判斷這是個不可信賴的公司。爲什麼呢？他們將優良顧客做成表格，各個駐店的購物咨商者利用電話和顧客直接溝通。

他們的程序如下：通常顧客要先預約上門的時間，然後顧客可由咨商員處獲得購物的建議(針對個人需要)，亦即所謂「個人購物指南」。也就是說，咨商員對新的客戶做個別的認識、接近，藉此發掘出新的優良客戶並將之記錄起來。被登記的優良顧客即使不需要經常惠顧，一樣能接受到新商品訊息，只要在必要的時候才出門跑一趟。所以，乍看之下很閒散，事實上不論對顧客也好、對企業也好，雙方面都能很有效率地經營生活和事業。見圖 3-1。

圖 3-1　顧客情報管理制度

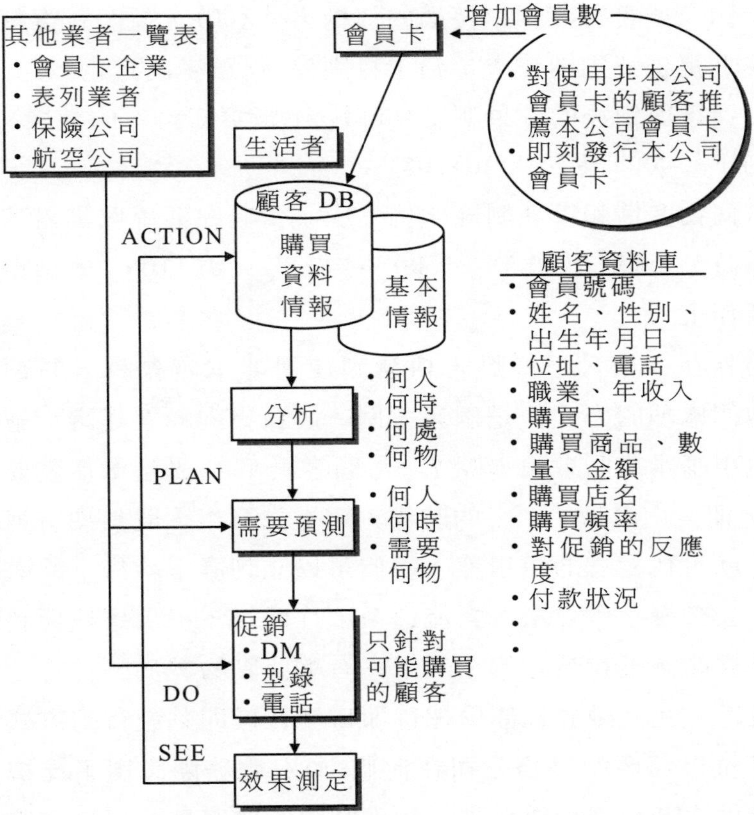

⑴將持有本店消費卡的顧客做特定化(由不特定的多數轉向特定多數)。

⑵當顧客用卡購物付款時,便自動儲存其消費數據資料(將會員組織化)。若遇到使用別家商店消費卡的客人時,當場向其推薦使用本公司的消費卡。

⑶借分析所累積的資料來掌握顧客的購買實力,從其中預測出顧客的需求爲何(PLAN)。去蕪存菁,只向可能購買的顧客進行促銷,或實行高頻率接觸的促銷方式(DO),甚至對貢獻度高的 VIP 提供特別消費卡,給予特別優待(顧客固定化)。

⑷進行促銷後的效果測試(SEE),不斷更新每次的數據,並反應到下一次的程序中(ACTION)。

這個顧客情報管理制度的例子中,當其在活用收集累積到的情報時,著眼於「PLAN」、「DO」、「SEE」、「ACTION」的循環程序的運作上。

另外在⑵中,尼曼馬卡斯遇到使用非本店會員卡的顧客時,他們處理的方式便是個參考例。店員會向顧客建議「請您是否也申請本店的會員卡呢?」當顧客表示:「光是徵信就要等 2、3 星期,太麻煩了。」的時候,店方立刻以「既然您有阿米克斯卡就可代表您的信用度,我們可以立刻發卡給您」的處理方式,立刻發予會員卡。對流通系卡片而言,提供這種便利性是很重要的。這和最近的金融卡等有著此點的差異。

最近,在金融界也部份採行即日發行或即刻發行的方式。美國菲拉得菲亞的財務公司在他們 ATM 服務處設置了支援人手,提供 ATM 利用指導和卡片的即時發行的服務項目。在服務處設置有一小型的卡片發行機器，在顧客面前操作只需要 30 分鐘。不過現在服務對象只限於卡片持有者未帶卡出門的時候。這點和其他需要花上好幾個星期才能發出卡片的業者比起來，也算是一種差異化。

在日本一些大型百貨也採用了這種即時發行的手法，時間約需要 20 分鐘左右，稍爲久一點的也不過 30 分鐘。信販系的消費卡是日本最早採用即日發行制的例子。在伊勢丹發行了「工會員卡」之後，大英公司也發行了「OMC.VISA 卡」，丸井發行了「MI-ONE 卡」，只需要 20～30 分鐘的時間便可發到消費者手中。以大英爲例，在現場收到申請書之後，利用傳真送到審查部，透過大英電腦中心做徵信調查後，將結果傳回現場，在現場也設置了卡片發行機。如此一來，各企業爲會員圖得便利，也因此可擴大會員人數了。

像這類要求高精度審查的會員卡即時發行制度的出現，使得各業界的附加價值服務業的發展更無遠弗屆，也使得同業間競爭更激烈了。

即時發委對量的擴充而言是一種有效方式，但也不難想像當量增加之後(會員數和服務量的增加)，質(真正的服務)將會成爲新的課題。

二、會費事業的會員卡有何不同

在此對於「顧客情報管理的會員卡」和「會費事業的會員卡」的主要特徵，以流通業的會員卡及金融業的信用卡爲例做簡單的說明。

⑴金融業的信用卡

信用卡本身是由T&E卡做原點，因具有付費上的便利性而創的，像VISA卡、MASTER卡等是具代表性的信用卡。除了付賬以外，還賦予信用的表徵以及泛用至上主義的表現。最大的收入源自於盟店的手續費、會員的年會費等，因此業者莫不爲如何增加會員、如何提升信用卡的效益、利用金額以及開拓加盟店等問題煞費苦心，所以稱之爲會費事業。

信用卡主要的機能是「將加盟店所提供的『商品、服務』和『生活者』與『金融』結合在一起」，也就是所謂接著劑的功能。金融業由於牽涉到了債權管理、授信、回收風險管理等問題，所以向來要求具有充分的知識經驗，同時也肩負著保障生活者的責任。

在會員卡業界激烈的競爭中，卡所帶來的好處一直被強調，而生活者則因其便利常常不衡量自己收入的高低，同時申請了好幾張信用卡，並且毫無限度地使用，等到無法償還的時候就不負責任地躲避債務。因爲許多人抱著這樣的想法，結果破產的案例愈來愈多。卡的利用可說是支持了個人消費力的延伸，但企業界要嚴防爲了追求自身利益，而對生活者、特別是年輕人和無收入者促銷便利的信用卡和高額貸款。至於多重債務者的問題則是債務人自己思考方式的問題，企業只不過是依循本分追求利潤而已。

另外，由於大眾傳播工具發達，許多人利用在電視上宣告自己破產的手段來逃避債務，令人不得不思考此制度存在的適用性爲何？當然不一定就指具有這種法律知識不好，但先決條件是一開始對於「信用」的基本教育要做好。

金融業的信用卡事業生態中，以掌握了多家銀行的「銀行系」和商品斡旋力強的「信販系」爲核心，朝向以丸井、大英等爲代表的「流通系」信用卡業界發展的攻勢愈來愈強。因此，未來將會由金融業界、流通業界等縱剖面名詞，改變爲「卡片業界」的橫剖面向的稱呼法。

「銀行系」藉著加盟店及營業點的增加、VISA、MASTER 雙卡的發行，會員數年年上升，到了 1990 年不將信版系算在內的話，其信用卡發行量已達到第一高位了(見表 3-2)。

表 3-2　信用卡發行張數及其分配圖

單位：萬張

	1985	1988	1989	1990
銀行系	2620	3685	4746	5718
信販系	3095	4478	5089	5515
流通系	1691	2720	3268	4001
製造系	419	431	550	603
中小銷售業系	445	460	474	491
石油系	366	255	235	190
其他	47	72	85	94
合計	8683	12101	14447	16612

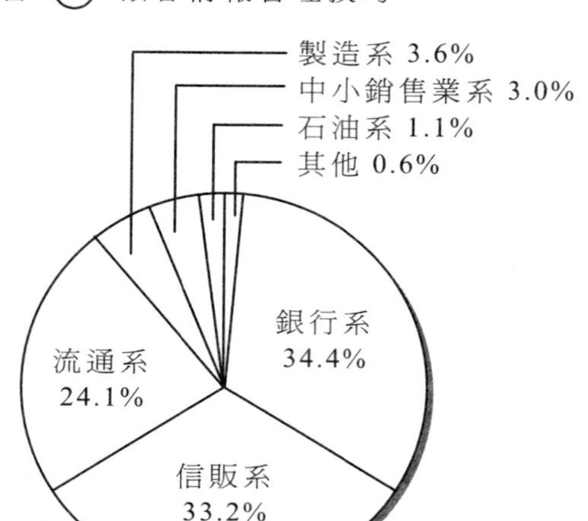

此外，在這個競爭夠激烈的市場上，以銀行爲後盾，以其資金調度來強化設置裝備的傾向，成爲維持自己於不敗地位的強力武器。在不景氣的環境之下，漸有凍結投資成本的傾向，但在情報制度化日趨強勢的今天，有裝置產業之稱的此業界，是不應吝於建立制度的。

另一方面「信販系」在資金調度上較易受到利率的影響，以最近的金融市場及生活者的動向看來，收入的減少是不可逃避的，會員數在 10 萬人以下的中小企業將面臨一個苦戰時期。到了 92 年 6 月，銀行系也解禁了，雖不致造成太大的影響，但信販系所強調的分期付款特色卻變淡了，不可謂之不痛。在這樣的環境中，信販系各公司的活動應該積極朝多元化、異業種等方向發展，即使不靠加盟店，只要強化其經營本質的特點就沒問題了。今後的信用卡業界，在受到銀行界的 BIS 制度波及的同時，還要面臨自由化、情報化、生活者需求多樣化、卡片功能國際化、卡片數量的激增，以及伴隨而來的國內外風險增加、加盟店會費低落等情勢，必須在下列幾點上多花些工夫：

①掌握風險(信用卡的安全性)、多重巨額債務者的對應之道、不良債權的對應之道。

②預防持卡者的流失(停止會員的活性化)、強化信用卡服務及開發服務的項目。

③開拓新的信用卡會員、開拓新的加盟店。

④ATM的應對策略，對新型機器所帶來的影響的因應措施。

⑤全球化對策。

⑥增加營業額、強化經營體質。

以這幾點做考量的基準，可以判斷出今後的方向是將流通系卡片的必要性提高。對想要開展信用卡事業的企業而言，生活者以及以生活者爲顧客的加盟店都是客戶，因此針對生活者的需求和加盟店的需求因應而生的計劃，將是未來能在卡的社會中生存的利器。

若加盟店所需求的情報，就是代表商品風格的生活者情報的話，除了將焦點置於流通業的動向以外別無他法。知道如何和生活者緊密聯結，這就是流通零售業和服務業最擅長的工夫了。

⑵流通系的會員卡

在現在這個殘酷的商業環境中，既要掌握住生活者日漸多元化、複雜化的需求，又必須應付市場的易變不定，而流通零售業者們致力於和生活者建立密切關係的法寶之一，就是會員卡(自己公司的會員卡)了。

會員卡的基本目的，在於「收集顧客的情報，並利用來策劃顧客的組織化，建立和顧客的溝通管道，並藉以連到固定化的目的」。因此，發行會員卡是為了要達到以上的目的，基本上是免手續費的。

一些積極策劃顧客情報管理的企業們，一直堅持要親自經營會員卡制度的重要原因如下：

①較易提高顧客對本公司、本店的忠誠度。

②可以防止情報外流、公司內部便可靈活管理運用。

③較易按照本公司理念自由地運用顧客情報。

④當會員卡被賦予信用機能時，本公司內的授信、回收、和顧客直接面談等，較能期待高報酬率。

⑤不需向其他會員卡公司收繳手續費。

特別是①～③點，是想要將優良顧客固定化的企業，最應下功夫的地方。

即使是攜帶型通用卡，如果企業或店鋪地點好的話，也可能會帶來顧客人數增加、收入的增加等，因此通用卡亦能帶來正面的利益。若是零售業的話，本來就是以此種基本條件決勝負的，不是嗎？但是，為了強化本公司的優位性而發行會員卡的商店，若將會員卡視為達到標榜本店很特殊的一種手段，以現階段而言，雖提高了會員的數量，但卻不是那麼容易強化出它的獨特性和差異性來。如果會員卡是藉由被使用才算達到其功用的話，卡的濫用化也是迫不得已的事。若要提高顧客對本店的效忠度，就得從其基本的機能去謀求，最後會發現本店會員卡是最容易突顯自己特色的一個方式。

會員卡發揮了功能後，所得到的好處有：

①動態顧客情報的收集、顧客的組織化、和顧客做雙向溝通、顧客之間循環化的推進、優良顧客的選別化、顧客的固定化。

②展開有效的促銷、行銷活動的展開、顧客服務的高品質化。

③樹立和競爭者的差異化、確立本公司的優越地位。

以上幾點是常被考慮到的，它們的結果是：可能造成營業額的增加，甚至具有支援戰略策訂及新策略的功能。

這裏所提的會員卡，事實上只有少數先進的企業是真的能做到本公司的會員卡制度。就算能達到顧客情報的收集、累積，若不懂活用方法還是享受不到它的好處。

再說流通零售業、服務業和生活者關係最接近，至於顧客情報收集及活用法、債權管理、授信、回收管理的認識，除第一項以外，其餘都比不上金融業來得清楚，這是不可否認的事實。此外，若要發行自己的信用卡的話，還得花上一大筆錢投資這個制度的運作、維持。因此，流通業通常是在金融業的提攜下，才會發行信用卡的情形爲多。

當然，也有部份的流通業者，創立專司金融業務的分公司，獨自營運信用卡發行業務和授信、回收業務，而且這種例子愈來愈多。其背後以金融自由化爲最大起因，但本來流通零售業介入金融業的歷史就由來已久，1876 年，越後屋（後來的三越）三井銀行的創立、伊藤吳服店（後來的松阪屋）公金交易所的設立（後來的伊藤銀行→東海銀行），這兩個例子最爲人所知。流通業的金融事業展開後，以下的優點是其基本背景，特別是其具有和生活者密切關係的大優勢，將會給金融業帶來很大的威脅。

・零售業可發展出和生活者建立密切接觸的方法。
・藉著零售業的營業據點、發展網路組織、建立資料庫等，可能提供低成本的商品。
・構築綜合生活產業計劃，可以期待其相乘效果。
・擴展新事業發展的機會。

透過以上的過程，較易擬出業務擴大戰略。爲什麼流通業比較容易朝金融界拓展呢？如果從生活者的角度來看就很容易明白。下面敍述的優點是比較辛苦地吸引顧客的方法：

・在工作完畢後以及假日也可以利用(包含了星期六、日的長營業時間)。
・顧客容易上門(零售業特有的親切和輕鬆感)。
・趁著購物之便可利用者(時間的效率性)。
・任何時候都覺得安心(長年培養出來的待客之道)。

另一方面，流通系會員卡的課題如下：

・新顧客的開發、老顧客流失的防止。
・開發對顧客具有附加價值的服務(差異化)。
・顧客情報資料庫的整備。
・強化顧客情報有效活用法的認知。
・對現金交易顧客的應對等。

基本上而言，會費事業的會員卡是要收費的，以情報收集爲目的的會員卡，彌補了情報收集的成本花費，所以是免費的。

但是最近連這種會員卡也以卓越的服務爲名目，開始傾向於收費化了。現在兩種會員卡都成了經濟能力的證明，以爭取信用爲目的了。

以生活者爲目標的，並不只限於流通業而已。製造商以及相對的賣店、零售業、經銷商，還有會員卡企業及其相對的加盟店等，都致力於生活者情報的收集上。如此一來，對和生活者最親密的流通零售業的課題，如「對於顧客數據資料的需求」、「需要繼續掌握那些資料、活用那些資料」、「需要將顧客組織化、固定化」、「但是不需要付現顧客的情報」等等，若有那個企業能掌握住上述課題的解決方案，便形同握有了最強的武器，能夠穩穩地吞下整個生活者市場。

例如：日本信販擬了一套計劃，提供整理後的顧客資料給會員卡公司，作爲他們新企劃的參考重點。這套計劃横向發展後，又會加強它的差異化風格。

流通系會員卡是爲收集顧客情報的手段之一，金融系會員卡則因藉收會費的方式來獲得直接利益，而與流通業會員卡有所區別。最近異業種的介入，使得未來不可避免地會互相朝著多功能化、多目的化發展，會員卡使用範圍會愈加擴大。

不管那一種卡都可比喻成現代的主旋律，生活者（顧客＝目標）是男低音，若無視生活者的存在就難以生存下去。

站在生活者的立場，不論是會員卡也好、通用卡也好，或是免費也好，對吸引自己的東西，只要方便就好。生活者未必不會要求免費，但特別是年輕的一代，最喜歡「折扣」、「降價」等活動，因此應該要知道各層面的生活者真正的心聲爲何。

另外，以生活者的立場看來，通用卡的使用比較方便，採用度也較高，而且在最近海外旅行熱的情況下，不要忘了國際通用卡已成爲生活者選擇的重點了。在美國的一項調查——期望會員卡提供的好處中，「折扣」佔了第一位，而選擇營業店的重點，則在於店員的服務內容如何。對有意走全球化路線的企業而言，一定要謀求上述兩點的對策。

如何使自己的會員卡保有差異化和優越性？針對那一個目標？如何使用？發行會員卡的基本目的爲何？要設計何種形態的會員卡？等等問題是非常重要的。

譬如說，即使只要大概地掌握會員卡發行的狀況，也可由下列一些差異的目的來考慮。

- 是屬於會費事業還是行銷情報收集手段？
- 以會員數量的增加爲目的還是以使用顧客質的提升爲目的？
- 以提高使用額爲目的還是提高使用率爲目的？

依據重點偏向那一方再繼續推想：是否任何人隨時都可便宜又容易地入會？是否爲極少數的顧客所發行的？是否有任何附加價值？是否以便利度、折扣優惠等服務爲發行重點？是否以追求聲望爲第一要務，並提供滿足會員自尊心的照料？或者是用二級分化、三級分化針對各顧客層別提供複數會員卡，以達到徹底的差異化？

在不考慮上述問題之前，要先掌握住下列事項：

- 公司政策的確認。
- 依政策明確地提出見解。

・配合政策選擇出目標鎖定的顧客層。

・掌握住目標(顧客)的需要、慾望和希望。

接下來的程序，便是檢討會員卡所具有的功能以及提供的服務。如果公司的主張夠明確的話，自然可以看出會員卡的走向了。「因爲別店有發行卡制度，所以我也……」「因爲別店在打折，所以我們也……」「因爲 A 店的會員卡制很成功，所以我也……」「因爲通用卡受歡迎，所以我也……」……像抱持著這類想法是永遠達不到差異化效果的。

換句話說，會員卡發行和會員本身並無法達到差異化的效果，差異化是存在於藉這些工具所提供的服務上、營業據點的店面形象上、商品齊備度上，甚至可追溯至支援企業本身的組織力上。會員卡只不過是一種手段，包含了企業原有的政策和理念的組織能力才是最重要的。是會員卡好還是通用卡好，這個問題已經爭論很久，但它們成功的根本因素在於企業的組織能力，再加上企業理念的貫徹。將上述討論的內容再做一番整理，下面各點含蓋了流通系、金融系雙方今後的發展重點。

事業擴充戰略：

・2-3-4 拓展全面溝通(利用連鎖強化吸引力)。

・營業店(加盟店)和生活者(提供給加盟店有效的情報)。

・會員卡制企業和加盟店及生活者(舉辦加盟店、本店內的研修班、教育班、PR 等)。

・會員制企業和加盟店及生活者與生活者之間(強化會員間的聯繫、使生活者具有參與企劃的共識)等。

・優良顧客的選別及開拓。

・和其他同業之間的差異化及特殊附加價值的開發。

就其各自的特徵而言，特別是以全體生活者爲對象的流通系，其重點如下：

・現金交易顧客的應對。

・會員卡使用者的應對。

・地緣親密度作戰。

・強化小組企業的統一戰略。

相對地，經營會費事業的公司，其重點如下：

・強化國際化對應策略。

・強化風險管理策略。

・徹底的授信審查、最低價格限制的減低、24 小時服務的對應等。

・加盟店手續費、利息及會員年會費的再檢討。

有關上述重點的相關事項(情報傳達方式、工作網路、資料庫、CAT 機器等)的整備、開發也是必需的。生活者漸成爲知性的個體，追求事物的真實性，因此一方面在選擇高附加價值商品的同時，也要因應各個狀況，展現出商品的機能性、合理性的一面來。在卡的活用方式上，要充分掌握其使用方法，不論是具有特殊目的的會員卡，還是容易到手的無會費會員卡，或是用起來方便的會員卡，都必需善用它們的優點才行。

三、具顧客情報管理機能的會員卡該有那些條件

一張能輔助顧客情報管理機能的會員卡，應該具備那些條件呢？下面以和生活者有密切關聯的流通業爲說明背景。

⑴對所有目標（顧客）都易於發行的會員卡

①具魅力易推銷的會員卡

負責銷售的人員，本身要對卡的當然功能有充分認識，即必須瞭解會員卡本身是具收集情報目的的：此外本身也必需認同此卡的魅力，這樣才能夠充滿信心地向客人推薦。

②顧客申請方便的會員卡

這是指顧客能很容易地入會，包括了不會對顧客有差別待遇，不使顧客有像斷線風箏般的不安感，放寬入會的資格條件等等，以上便是身爲流通業會員卡所應具備的特色，否則就稱不上是流通業會員卡了。另外，還要顧及到客人的感受，比方說申請書填寫以簡單扼要爲主，填寫事項太多令人覺得麻煩，而且顧客也不喜歡公開個人隱私，因此填寫內容要精簡到愈少愈好。不過，若是走高級俱樂部路線的話，尤其是在重視會員地位聲望的情況下，相反地要以「入會難」加深顧客的印象比較有利。

③當場可以取得的即時發行型會員卡

讓顧客當場立即填寫申請書，然後過了好幾個星期才給予回音，這種做法可說是企業界的基本邏輯，但也是促使顧客轉往他店，或是將顧客的購買慾潑一桶冷水的做法，結果是導致

銷售機會的損失。

發行給顧客的會員卡，最好就是在店鋪內立即發行的會員卡，立即發行會員卡具有短時間內將多數顧客固定化的效果。下面簡單地說明一個即時發行會員卡作業程序的例子。

顧客在店鋪內將資料填入申請書後，其資料將會直接輸入到本部的主機中，或是用傳真傳回本部去，在經過「傳送姓名」、「重覆確認」後，便將之登記，並把顧客編號傳回負責的店鋪去。只要在店鋪中設置一台小型的卡片發行機，就可立即發出會員卡了。但發行即時會員卡有其前提條件，那就是由本部到各店面都是一元化管理，必須建立起統一的資料庫以及本部和店鋪之間的連接網路，即時連線情報系統等。

即時發行型會員卡對顧客而言，的確非常便利，但若是在金融業不但對卡的詮釋不同，爲了避開風險，通常要花上數週才能發出一張會員卡。若流通業的會員卡要附有金融機能的話，其最明顯的課題便是如何處理隨之而來的風險問題了。

不過，美國的菲拉德菲 CORESTATE 財務公司，在其支店的營業時間內，提供 ATM 櫃上援助發行會員卡的服務。

這家公司由於普通的分店，若爲了要提供充分的服務而延長營業時間的話，是非常划不來的事，所以採取了將 ATM 充分利用的策略。換言之，他們擁有一套被稱爲 MAC 的 ATM 網路(傳統美國銀行中最大的一個)，藉以展開貸款給 900 家財務公司的業務。他們還要導入高功能的 ATM(在 NCR 的提供下，改良後呈錄影帶型的 ATM)和 POS，使可以做自動現金化的 CHECK 的 ATM 發揮其功能(根據市場分析才瞭解到，美國對 ATM 要求的機能有

CHECK 現金化、存款的限定)，千萬不要只停留在評估企劃階段就算了事了。

⑵能將所有焦點顧客組織化的會員卡

一張會員卡應該具備有辨識顧客身份的 ID 機能，這是前提之一，此外，若無法收集累積顧客實際消費情報的話，亦不能定義爲一張顧客情報管理的會員卡。會員卡算是一種收集顧客情報的一種手段，其目的在於將會員組織化，意即認識顧客、進行有效促銷並加以固定化。流通零售業最近加入金融事業(會員卡的發行業務)非常盛行，但若是完全以物販，即商品買賣爲主的話，就必須有將現金顧客也納入考慮中的「全面顧客會員卡化」的概念，也向付現金的顧客發行會員卡，將不特定多數變成特定多數。不要忘了，「會員卡戰略」就是「贏得顧客的戰略」。

⑶顧客希望使用的會員卡

①突顯本企業特殊差異點的會員卡

日本大型的零售業公司所發行的會員卡，一般會提供自動打 3%～5%的折扣作爲服務項目之一。此現象最近已成爲普遍的一般課題，因爲大家都打折，所以已無法成爲競爭的差異點了，此外，也可由此看出，若和別人不一樣，就會開始不安。

具有稀罕、少數的價值才算得上是差異化。例如在美國，採行依顧客對本公司的貢獻度(消費程度)，不時招待他們參加一些活動，如參觀奧林匹克運動會，或是不落俗套具吸引力的觀光旅遊等方法，以各自獨家的服務內容來競爭，這也算是由會員卡制度所衍生出的點子。

對於會員可提供那些服務呢？請參考下列幾點：

- 別家所沒有的商品、服務、資訊等。
- 對顧客而言有高附加價值的服務或商品。
- 使會員比此非會員者具有更多優越感。
- 使其認識到自己是值得高頻度促銷的重要顧客。
- 對重要顧客們慎重擬定對策。
- 對店鋪(公司)的形象用心經營塑造。
- 愉快環境的營造。
- 具有巧思的商品(設計、命名、顏色等)。

②方便好用的會員卡

若想要提高卡的使用率，就一定得追求卡的好用、實用性。例如：「免署名會員卡」便是其一例。從 1988 年開始 JCB 在東京狄斯耐樂園中，屬於流通系的幾個公司如西友、羅森、小田急、千里阪急等，實施在本店內使用本店會員卡者則可不必簽下大名。由於美國的國民性和日本有差異，若採取此種高風險不簽名的辦法，有其困難處；反而在日本這種方法不論對生活者或企業而言，都可說是以追求便利爲出發點的一項制度了。

⑷能吸引住顧客，不使其離會的會員卡

若要將顧客長久吸引住的話，後續附加價值的強化、致力於開發以及會員代表性的需求(即滿足其名聲的需求、顧客用來方便、容易獲得)等要素是很重要的。舉個例子而言，新歐塔尼旅館把會員卡視爲階級象徵，並投注大量心力於塑造此形象。爲了不傷到顧客的自尊，他們的入會介紹及手冊都採取避人耳目，即不公開的隱形方式處理，但相反地卻讓那些只有會員才可使用的場所曝光於非會員的眼前，藉以表示會員卡的高價值，他們爲此費了一番週章。事實上不只是這家旅館而已，可以說在高名望的飯店中，經營徹底以「質」取向的俱樂部是很普遍的現象了。

另外，對於持有會員卡的會員不能出現差別待遇，並且建立和顧客雙向潛通管道，以及強化顧客彼此之間的網路工作等，也是很重要的事。光是靠單方向的情報提供是很糟糕的現象，必須要注意到如何在顧客的自我實現慾求滿足之上，使他們有參與企劃的意識，並且培養出會員精神，這些都是關鍵。此外，會提出抱怨、不滿的客人才是值得感謝的客人，有了他們的聲音，才會積極地催生出後續的商品及服務企劃來，但若企業本身反應冷淡的話就另當別論了。

⑸能徹底發揮本業特色的會員卡

如何使一張小小的會員卡，能夠突顯出自己企業、店鋪的長處，這才是比較戰略性的問題。要避免在列出了許多會員可得到的優待後，焦點也隨之分散，反而不知本業到底在幹什麼的話，就是本末倒置了。

爲了避免顧客的流失，就必須能滿足上述 5 點，此外還要繼續拉攏新會員也是很重要的。最近會員卡戰略不再只是重視「量」的擴增，也開始有重視「質」的傾向了，尤其是依據其營業種類以及營業形態，不隨意企業擴大會員數量，而以守著一定的顧客，並使其變成優良顧客的戰略，使企業的經營更加蒸蒸日上。新歐塔尼旅館便是最典型的例子。爲了替會員保持自尊，未達一定標準的顧客就很難加入會員。其入會採取由既成會員者介紹，而不用募集的方式，因爲若採用募集方式會使建立起來的形象聲望下墜。

另一方面，顧客不愛使用的會員卡，一言以蔽之，便是以企業立場爲前提的會員卡，特性如下：

①爲了發行而發行的會員卡

發行會員卡的目的，是在於將顧客特定化、組織化、固定化，並不是「發行了會員卡就可以安心了」。就算花了再多錢，若沒有掌握住它的目的的話，就會發生收集了情報卻一點用場也派不上的情形。要知道一張差勁的會員卡，不但不能「集客」(召集顧客)，反而變成「送客」、「消費客」會員卡(即送走客人之意)。

真的有必要發行會員卡嗎？如有必要，非得要以信用卡的形式嗎？還是非 ID 卡不可？以硬體面來看的話，一定要用亮光卡或是 IC 卡嗎？還是用塑膠卡、紙卡就可以了呢？在決定走高消費會員卡路線之前，有沒有先想一想非這樣不可嗎？生活者可從會員卡上獲得什麼好處等等，必須從這些基本問題去考量、檢討才行。

像「佳能」(CANON)便是一個用會員卡自然而不勉強地將顧客組織化的例子。他們在單眼相機的包裝內，事先放進一張「佳能俱樂部會員申請書」，買了單眼相機的顧客，只要填入必要事項後，送回本店就可被視爲會員了。如果再繳交 9000 日元，佳能便會提供會員雜誌、以及攝影會、攝影班等消費者可參與的活動等等。

②無法掌握會員的會員卡

正如掌握現代生活者生活需求，是商業戰略上極重要的一點，這個理也可以套用在會員卡上，絕無例外。

- 會員卡提供的服務是否為生活者所需要的？
- 是否能獲得顧客？
- 會員卡是否具有令人想持有的魅力？
- 會員卡是否有容易使用的便利性？
- 和其他業者同質化是否令你不安？
- 是否能掌握其他業者所提供的服務，藉此製造出獨自的差異點來？
- 是否考慮到生活者追求本質的心態？
- 是否考慮到生活者不惜金錢追求所希望的東西的心態？
- 是否考慮到「折扣」仍是主要招徠顧客的因素？
- 是否認為張羅出許多優惠待遇就算是特異點？

應該以上列各個觀點來重新衡量服務的基本為何。基本的出發點並不是「為了生活者」，而是完全站在「生活者的立場」來思考才是。

③不具備人際關係的會員卡

流通系發行會員卡的目的，是為了藉此獲得更多的固定客戶，遠勝於追求自身的利益。要充分地確認上述概念是否已成功、徹底地深植於公司內部，才能將人性的因素有效率地融入制度中。

四、顧容資料的收集、組織化、固定化

靠會員卡所收集得的情報，在累積到一定程度後便可加以組織化，進而可以朝固定化邁進。收集顧客情報的重點是絕對要明確知道自己想要做什麼，才能有目標地去收集情報，才有可能實現目標。若只是先亂收集情報，再考慮該如何處理這些情報，是本末倒置的做法，會造成數據資料庫變成垃圾堆集處。

要收集顧客情報，並不是只有活用會員卡制度一種方法，也可以透過發票等來收集資訊。在今天顧客會員卡中最具代表性的，應該就是信用卡了。金融信用卡業界可說是在打一場附加價值服務的仗，他們賦予會員卡情報以及金融服務等附加價值，使持有者擁有較高的社會地位。例如 JCB 打出 24 小時英語會話課程、NICOS(日本信販)的會員資訊服務等等，而且服務競爭不止在國內，連海外據點亦如此。

對企業而言，會員卡是爭取顧客最有效的工具。對生活者而言，因便利性而支持者年年增加，1990 年的發行數量是 2 億 1643 萬張，同年信用卡的發行數量是 1 億 6612 萬張，5 年內以大約 2 倍的速度在增加中。但這和美國的約 10 億張(一般預測 95 年會發行 10 億 8000 萬張，2000 年時則爲 11 億 7000 萬張)相比之下，還相去甚遠。對此有多種意見和看法，有人認爲是前途無可限量，但也有人認爲由於社會結構不同，今後將會是一片低迷。

表 3-3 是日本現金會員卡和信用卡發行張數的變遷，以及

美國信用卡各系別發行的數量及會員數。表 3-4 是日本可處分所得的統計數字，表 3-5 則是在個人消費中信用卡的使用率以及會員數的演變圖。

表 3-3　日本及美國會員卡的變遷

(1)日本信用卡和現金會員卡發行數量的變遷

區分＼年次	1981	1982	1983	1984	1985	1986	1987	1988	1989	1990
現金會員卡用的CD(含ATM)裝置台數(台)	23627	27310	33774	40391	48812	56483	62181	68616	77220	91227
現金會員卡發行數量(萬張)	6645	7397	8932	10214	11261	13178	14192	17608	18269	21643
信用卡發行數量(萬張)	--	4294	5706	7381	8683	9800	11036	12101	14447	16612

(2)美國信用卡發行數量和會員數(1990 年)

系列	發行張數(萬張)	會員數(萬人)	張/人
銀行系(VISA/MASTER)	21000	7650	2.7
石油公司系	12320	8290	1.5
電話公司系	11030	10420	1.1
流通零售系	48160	9680	5.0
DISCOVER CARD	3500	2150	1.6
T&E	3100	2410	1.3
其他	1130	830	1.4
合計	100180	11040	9.1

表 3-4 美·日的家計統計

(1)日本　　　　　　　　　　　　　　　　單位：(兆日元)

	1983年	1984年	1985年	1986年	1987年	1988年
個人可處分所得	197.9	206.7	216.8	225.9	231.6	242.3
個人消費支出	167.8	176.0	184.8	191.5	199.3	209.4
信用供給餘額	23.4	25.1	27.4	30.9	35.7	43.0
消費性向(%)	83.7	83.9	84.0	83.6	85.0	85.2
儲蓄率(0/50)	16.3	16.1	16.0	16.4	15.0	14.8
信用卡消費額/可處分所得 %	11.8	12.1	12.6	13.7	15.4	17.7

(2)美國　　　　　　　　　　　　　　　　單位:(10億美元)

	1983年	1984年	1985年	1986年	1987年	1988年
個人可處分所得	2428	2668	2839	3020	3210	3508
個人消費支出	2297	2505	2713	2898	3106	3361
信用供給餘額	430	512	593	646	686	723
消費性向(%)	94.6	93.9	95.6	96.0	96.8	95.8
儲蓄率(%)	5.4	6.1	4.4	4.0	3.2	4.2
信用卡消費額/可處分所得 %	17.8	19.3	21.0	21.5	21.5	20.9

表 3-5 個人消費支出中所佔的信用卡使用率

單位：(兆日元)

	1983年	1984年	1985年	1986年	1987年	1988年
個人消費支出	167.8	176.0	184.8	191.5	199.3	209.4
信用卡消費額	3.3	3.8	4.3	5.1	5.8	6.6
信用卡消費額/個人消費支出 %	2.3	2.4	2.8	3.0	3.3	3.7

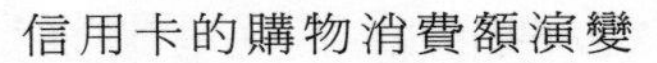

信用卡的購物消費額演變

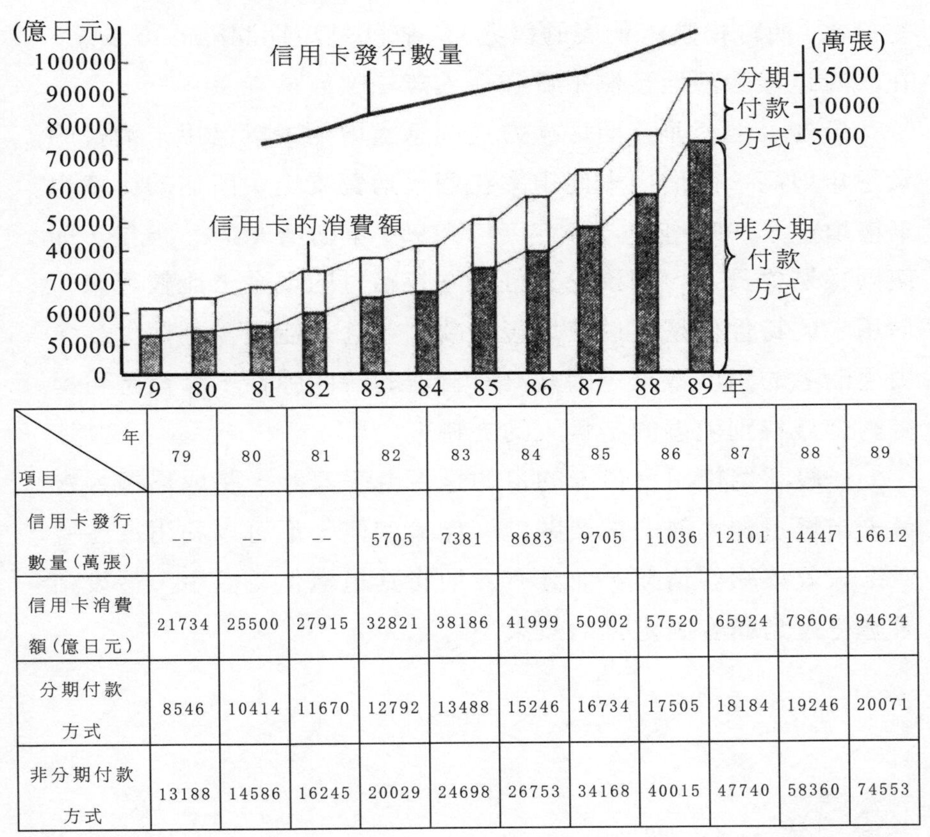

項目＼年	79	80	81	82	83	84	85	86	87	88	89
信用卡發行數量（萬張）	--	--	--	5705	7381	8683	9705	11036	12101	14447	16612
信用卡消費額（億日元）	21734	25500	27915	32821	38186	41999	50902	57520	65924	78606	94624
分期付款方式	8546	10414	11670	12792	13488	15246	16734	17505	18184	19246	20071
非分期付款方式	13188	14586	16245	20029	24698	26753	34168	40015	47740	58360	74553

日本的儲蓄率向來都較美國來得高，但由近年的統計圖表看來儲蓄率有降低的趨勢，而消費傾向卻逐年增高了。隨著可處分所得以及個人消費支出的平順延伸，可看出信用卡使用率在可處分所得中，佔有餘額的比率日漸增高，在 1990 年大約已形成了 60 兆日元的市場，順利的話一般預測是在 5 年後達到

90 兆日元的信用供給金額。從 90 年代初期面臨了資金調整期的日本，消費指數所代表的徵兆，大概就是短期間隔的不景氣，在一般這樣強烈地預測下實在令人無法樂觀。

另外，由於非分期付款方式的急遽增加，以信用卡消費的量逐年增高，而信用卡使用率在個人消費支出中所佔的比率也漸漸增加，1988 年是 3.7%，到了 1990 年則爲 4.7%。但是，即使同樣是會員卡，和預先支付及立時給付的現金卡比較起來，信用卡的特性便是可以使用後付款，並且還能選擇分期付款。由生活者的角度看來，因其具有合理的時間彈性，今後應可獲得對金錢特別敏感的年輕人的支持。

一般認爲使用會員卡的目的是否合乎家計，將成爲擴大會員卡市場這塊大餅的重要關鍵。無論如何，都可以利用這些會員卡來收集顧客情報，並且有效地將其組織化並活用，最後結果應可達到顧客固定化的效果。

心得欄 ------------------------------------

五、顧客資料庫須具有那些項目

在充分考量清楚必須使用顧客資料庫的目的後，藉由會員卡收集所需的資訊，將之累積架構成顧客資料庫。以此可將顧客情報組織化，進行個人促銷或是大眾促銷，如此便可能使顧客數、單價上有所增加。

爲了達到上述目的的主要資料庫該具備什麼呢？下面將以流通零售業爲示範例，舉出一些檔案項目來。在開始著手收集建立查料以前，必須認清楚自家企業的概念爲何，該走出何種風格，再配合上述問題去考慮需要何種資料和數據，才能建立一套有用的資料庫。

⑴**顧客基本資料檔案**

指會員號碼、姓名、住址、電話號碼、登記年月日、性別、生日、未婚或已婚、居住形態、職業、工作所在地的資訊、年收入、其他相關情報等，要擁有顧客的基本資料以及屬性情報等，使其成爲管理的基礎。

通常這些資料由填寫申請書時獲得：地點、誰、具有何種物質等等。

⑵**購買資料資訊檔案**

購買日期、購買金額、購買數量、計算情報、成交、退貨的區分、銷售經手人等，藉此可獲得顧客各購買日以及金額情報、銷售經手人情報。

通常透過 POS 或會員卡取得資料：誰買、何時、買多少、花費多少等等。

⑶**購買商品資訊檔案**

店鋪名、購買日、商品屬性、商品密碼、發行密碼、單價、降價、折扣等的明細資料，必須詳細掌握顧客所購買商品的相關情報。

通常透過 POS 或會員卡、價格標籤來取得資料：何時、地點、何物、金額等等。

⑷**顧客實績資訊檔案**

最近購買日、購買總額、購買頻率、RFM 情報、服務要點情報、貢獻度層別、DM 發行資料、DM 退還、付款方法類別金額等，藉以獲得顧客的購買總額、購買頻率的 RFM 評價爲何，以及服務重點的情報。若依公司全體管理、各小組別管理、各店鋪別管理來進行的話，便能掌握到各店鋪、分店的特性、業績，並且達成更有效的管理。

通常透過 POS 以會員卡爲媒介取得數據，並且自動更新：顧客的貢獻度爲何？

⑸**自由情報檔案**

補充、修正情報、傳遞情報、售後服務情報等，必須存有對顧客的備忘資料、服務卡，以及其他自由設定的情報等。

⑹**家族資訊檔案**

家族系、姓名、關係等，必須存有顧客家族的個人基本資料。

⑺**付款資訊檔案**

付款年月日、銷售經手人、支付總額存款總額、賒賬餘額等，必須存有顧客的支付款情報。

通常透過 POS 以會員卡為媒介取得數據，並且能自動更新內容：信用度如何？

⑻**信用度情報檔案**

含會員的類別、限額度、支付方式、信用度情報、債權情報等，必須存有顧客的信用情報。通常透過 POS 以會員卡為媒介，可自動更新情報：信用度如何？

以美國金融機構的數據資料庫為例，其中項目別中有郵遞區號(ZIP CODE)、區域號碼(GEO CODE)、地域特性的資料等，果然都是道地的美式風格資料庫，如圖 3-2。

圖 3-2　美國金融機構顧客情報項目例

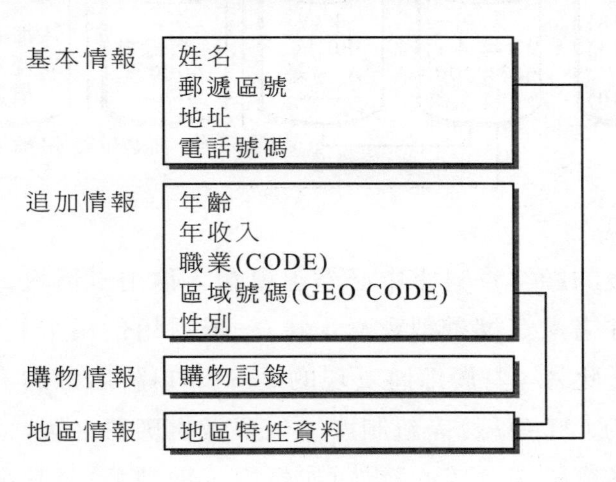

在美國可以依其居住的地區來推測其水準如何，也就是可視其為年收入多寡的指標。另外，具視覺效果的測圖制度(MAPPING SYSTEM)，其對行銷的活用以及店鋪、行員配置的企

劃分析的活用非常盛行。

圖 3-3 表示檔案概念。資料庫中的檔案別以及小項目可依業績、業態、業界，或是由各企業自由設定，長遠著想，爲了建立一套完善的顧客情報資料庫及管理制度，以及戰略的活用，在建檔時就得花費一番心思才行。

圖 3-3　檔案概念

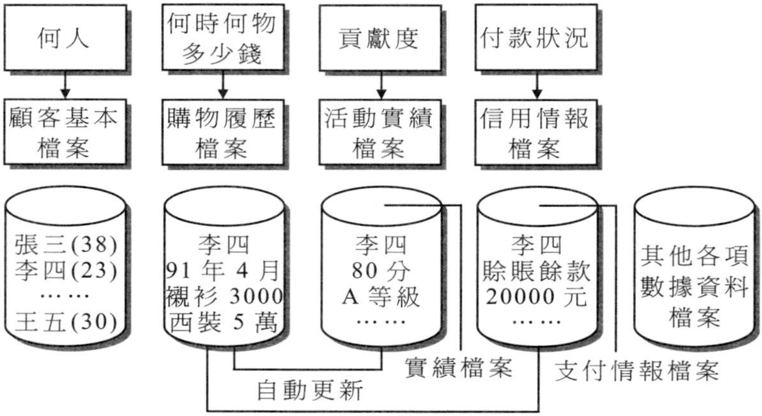

何人
何時何物多少錢
貢獻度
付款狀況
顧客基本檔案
購物履歷檔案
活動實績檔案
信用情報檔案
張三(38)
李四(23)
……
王五(30)
李四
91 年 4 月
襯衫 3000
西裝 5 萬
李四
80 分
A 等級
……
李四
賒賬餘款
20000 元
……
其他各項數據資料檔案
實績檔案
支付情報檔案
自動更新

譬如說：

①以後的顧客資料庫中必然也會融入信用卡情報。至於顧客的編號在考慮了攜帶型會員卡後，一般採用信用卡的 ID 碼爲十六位數。此外，對於即將實現的 POS-CAT(將店鋪的 POS 和會員卡公司的 CAT 連線)等新制度，也要考慮應對之策。

②依各店鋪、分店的特性(如規模、地點等)將其小組化，建立一套以小組爲單位的分析檔案，如此一來可以有效同時管理地理背景相類似的各地區的店鋪。

③將②的想法加以擴大，可以達到「商圈類別的分析」管

理。

④設定一些配合成交額的相對服務，使買賣可以自動化計算，這對把握顧客對本店的貢獻度(愛用度)有助益。

⑤識別「本店愛護者」的方法之一，設定一些採用「RFM」管理方法的項目。在RFM之外再加上一個I(ITEM)變成「RFMI」亦可。

⑥在「RFMI」評價之外，可自由設定能輸入的「顧客等級」項目，對管理而言亦有助益。

所謂「RFMI」得分點，指對顧客的評價、分析的手法而言。由下列三要素所構成。

・R(RECENCY：最近購買日期)

依其在一定的期間內，最近的消費日期為準，在檔案中設定其分數。

計算例：滿分點為100分

期間：1994年1月～12月

購買日：4月3日　　20分(一年以內)

8月29日　　60分(半年以內)

11月14日　　100分(2個月以內)

・F(FREQUENCE：購買頻率)

依其在一定時間內購買的次數來設定其得分數。

計算例：設定滿分點相對的購買頻率係數，係數為10則表示購買了10次，得分為100分。

期間：1994年1月～12月

購買日：①4月3日　②8月29日　③11月14日

3 次×10＝30 分

• M(MANETARY：購買金額)

依其在一定時間內購買總額多少來設定得分。

計算例：設定滿分的購買係數，係數 0.001 代表購買總額(累積金額)10 萬元爲滿分 100 分。

期間：1994 年 1 月～12 月

購買金額：4 月 3 日　　6000 元

8 月 29 日　　10000 元

11 月 14 日　　27000 元

43000 元×0.001＝43 分

將以上 RFM 得分點計算出來，配合獨家設定的「顧客等級表」便可看出顧客的貢獻度。

以上例中所算出來的分數而言，最近購買日 11 月 14 日是 100 分、購買頻率三次爲 30 分、購買累積總額是 43000 元爲 43 分，總分合計爲 173 分。

採用此種自由設定指數的計算方式，會使得對顧客消費貢獻度的評定方式，更具有彈性而且更易管理。

比如說未知分數(例：對本公司聲望的提升)爲 50 分時，先前的總分便累積爲 223 分，從顧客等級表中看來，可視其爲 A 等級的顧客。

表 3-6　顧客等級及分數範圍

顧客等級	總分
E	50
D	50～100
C	100～150
B	150～200
A	200～

根據各業種、業態及活用目的不同，在 R、F、M 的比重可以調整著使用。例如：若是在高額商品低頻率的購買狀況下，「M」就比較重要了；若是低額商品高購買率的話，「R、F」就比較重要。另外還要配合著店鋪的特色，將 RFM 的加重係數設定在系統中。

這套 RFM 的方法原本是美國大型目錄公司爲了提高顧客對 DM 以及商品目錄的反應，以評估顧客反應率的手法所開發出來的，可以說當他們在發送 DM 時，就已經篩選過顧客了。對於自家公司企業想要使用 VIP 顧客選定時，也可將剛才所提的「顧客等級表」和「自由設定分數」的方式併用，頗具效果。

⑦至於顧客所購買的商品情報，由於各企業狀況不同，爲了避免情報過度飽和，自己要設定一個裁量的基準。

六、活用成為關鍵的顧客情報

如何活用已辛苦建立起來的資料庫，方法是很重要的，若不知有效的使用方法，整個龐大的資料庫只是個無用的廢物罷了。談到顧客資料庫的活用方法，以金融機構爲例，可以由顧客申請開戶時的申請書以及其後的往來所獲得的訊息，加以數據化後存檔，詳細活用法如下：

⑴根據顧客屬性、交易貢獻度，將顧客層級化（區隔）。對特定的顧客層提供特定的服務（如，個人服務），對一般的顧客則提供規定內的服務等，實施差異化戰略。

⑵實行售前服務、售後服務及發送 DM，這是製造新交易機會的方法之一，重點在於和顧客的交談上，別忘了將顧客的反應、希望、抱怨反應到資料庫中。此外還要培養專任的電話行銷人員，能夠掌握住顧客心理是最佳不過的事了，如圖 3-4。

圖 3-4　電話行銷

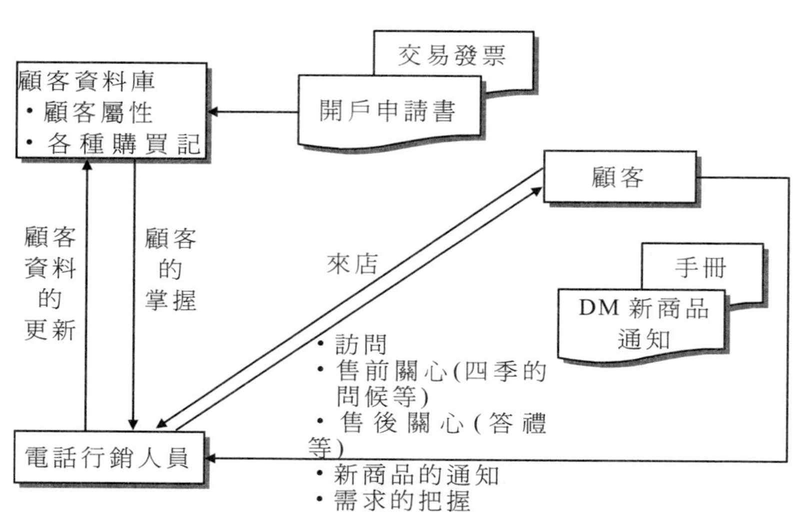

⑶電話行銷人員需要對自己負責的客人做適時的追蹤（進行電話訪問等關心顧客的行動），並且試圖挖掘出顧客的需求。

當顧客光臨店面時若由其熟悉的行銷人員來接待的話，也會令其有熟悉感。比較機械化的、形式化的接觸只會帶給顧客不快，反而造成反效果。這一點的認識一定不可輕忽，在員工教育上也要徹底。

⑷藉以上種種行動不但使顧客較活絡，同時也比較容易收到新需求的訊息，容易更新資料庫內的資訊。

顧客情報活用法基本的思考方式，如圖 3-5 所示。

其內容大致解說如下：

①藉會員卡收集顧客情報、商品情報。何時、何人、何處、何物、花費多少(爲什麼)、數量多少(爲什麼)、如何購買、是現金客或信用卡顧客，不管在什麼狀況下會員卡提示是重點。

②由所收集得的顧客情報、商品情報中去分析其需求、預測其需求。何時、何人、會需要何種商品？

③由分析的結果中衍生出有效的需求預測及促銷計劃。何時、向誰、提供何種商品？

④測定促銷的效果、追繳客人的反應。何時、何人、對何物有反應、滿足程度爲何？

只要依循著 PDCA(PLAN DO CHECK ACTION)的程序不斷重覆，不但可快速更新顧客的資料，並可將其在下一次的促銷活動中反應出來。換言之，透過顧客情報的活用，可將此制度的精確性提高，利用賣場的活絡化及有效的和顧客溝通，可以增加固定客的數量，也可以提高營業的利潤。

圖 3-5　顧客情報的活用法

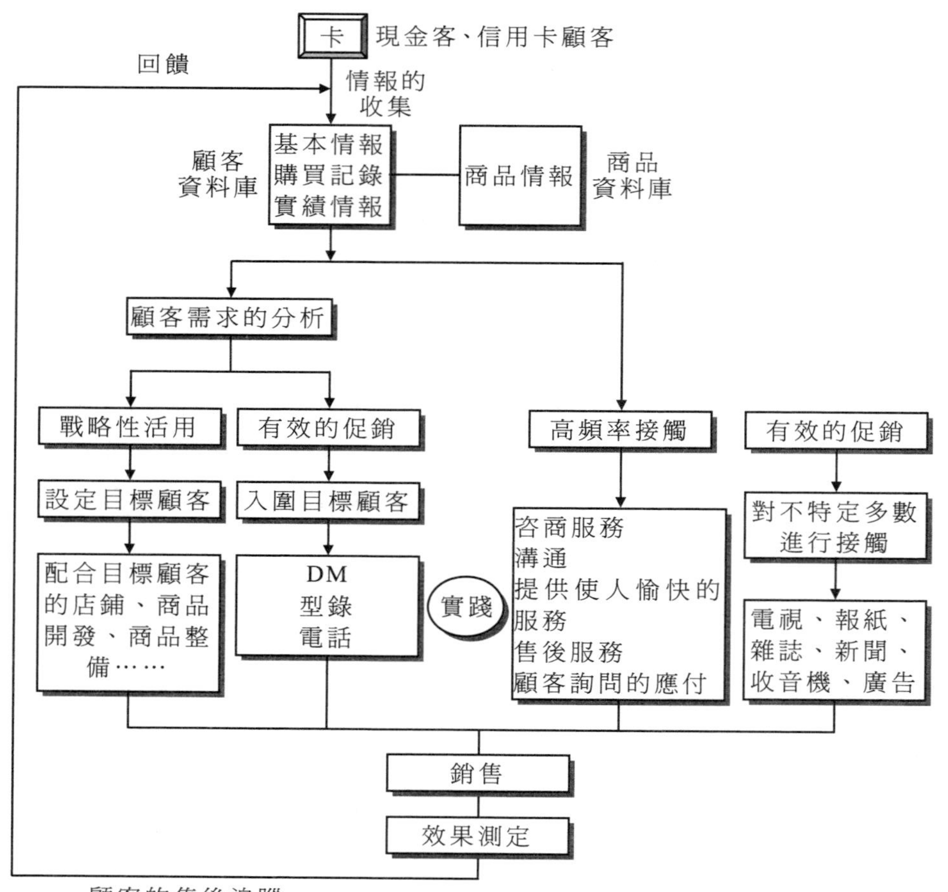

在上圖的「戰略性活用」、「有效的促銷」、「高頻率接觸」是活用法菜單上的三道主菜，是將顧客固定化的三種手段。「高頻率接觸」主要指的是在店裏面的工作。店員藉著和顧客照面的機會，以既有的情報爲主去熟識顧客，提供令其愉快的環境以及提供咨商服務，只針對某一個客人進行交談。換言之，這種接觸是只有在店員和那一位顧客間獨一無二的，這會使顧客感到非常愉快。此時，從業員以及銷售員的接待態度和商品知識也慢慢顯出其威力來。

即使是已認識的顧客，店員接待的態度有時會使氣氛很愉快，也能使氣氛很糟，所謂水能載舟亦能覆舟。因此在運用制度的同時，絕不可忽視店員、從業員的接待技巧、禮儀、商品知識等基本教育。

另外也可將銷售業績反映至人事考績上，或是採取獎勵制度來提高士氣。重要的是，要有經營一個人性化制度的概念在。使顧客有愉快感受的高頻率接觸還有一個好處，就是建立顧客的信賴感，並且能聽到顧客真實的心聲。換言之，可以藉此製造和顧客的對話，從對話之中尚可獲取一些在制度中網羅不到的情報，若是有抱怨的話，更該誠心誠意地豎起耳朵加以傾聽。這些都是建立起「和顧客對話」的重要關鍵。

⑴**有效的促銷**

在「有效的促銷」手法中，有利用向不特定多數的顧客宣傳的電視、收音機、小調、報紙、雜誌等媒體的「大眾傳播戰略」，還有以自己店中既有的固定顧客爲對象的「目標選定戰略」。所謂「大眾傳播戰略」，舉例而言，若是少年平常購買的商品，則在青少年常收看的電視節目時段，打出此商品的廣告。這種方法對開發新顧客而言是很有效用的，但不免要支出一大筆廣告經費。

不要讓那些被大傳媒體吸引來的顧客只是曇花一現，必須將之特定化、組織化以及固定化(即養成其重覆購買的習慣)，所以才會有顧客情報管理制度存在的必要。另一方面「目標選定戰略」則是分析收集來的顧客資料數據，抽選出合乎預設目標的消費實績顧客，使他們再活絡地消費。這是一種預測其需要的方法，各式的分析報表是不可或缺的工具之一。

譬如說，某一個百貨公司在企劃舉辦一場高級皮草的展覽會，當然向顧客介紹此展覽會是吸引顧客的開始，不過也絕不會是拿出名冊便一五一十地將所有人的住址、姓名抄寫下來，寄發介紹手冊出去吧！在此場合必須做顧客的限定工作，透過活用輸出來的多條件檢索和詳細分析結果，去選定有可能實現需求預測、會想購買的顧客。

所謂「輸出報表」的活用是指：

①地域別顧客消費分析表

藉以得知來店頻率高的顧客，多數是居住於何處，以那一區域的顧客為對象進行試獵。

②商品別消費屬性分析表

這次的商品是「皮草」。這樣的商品會受到那種性別、那種年齡層顧客的青睞，在得知答案後便和①所選定的顧客做交集，對交集中的顧客進行試獵。

③商品別消費顧客層分析表

把握住此商品會受到 OL(上班女郎)或主婦等，那一層的顧客所支持的之後，將②的結果與此交集，進行宣傳促銷活動。

如此便可在合乎展覽規模和預算下，決定出 DM 對象(發送直接宣傳郵件的對象)的多少。當店鋪規模和預算金額高時，可以發出大量的 DM，但若是開辦規模、種類屬於花費較高的時候，就必須嚴格地縮小顧客的數量了。在判斷出顧客數仍太多，還必須再縮小範圍的時候，該怎麼辦呢？

④顧客別購買商品資料分析表

掌握住在③中篩選出來的顧客有購買何種商品的傾向，例如說過去是否有買過皮草商品等等。

⑤購買商品關係分析表

掌握住一個客人在買了何種商品後，會接著或是會配合著購買何種商品的傾向。換言之，一個購買珍珠或是珠寶服飾的顧客，有可能具有購買高級皮草的傾向。在知道相關聯商品後，便可針對那些商品購買的顧客進行焦點瞄準，這樣應可達到限定對象的目的了。

抽選出目標顧客之後，便是發送 DM(介紹手冊)，若是人數少的情況時，可以請負責人打電話或是去拜訪，以重覆的方式進行也是很有效果的。利用電話及拜訪可以得知顧客的反應，應是有好有壞，這點是屬於「電話行銷」的範疇。

像這類的 DM，如何選出可能購買的顧客爲發送目標就很重要。但並不是發送 DM 出去就好了，若是像播種一般撒出去的話，不但沒效果還白浪費一筆錢。如果仔細地考量一下直送郵件和電話行銷所花費的紙費、印刷費、郵資、電話費、還有人事費等等，就會發現有效率的促銷，對節流是具有多大的貢獻。

通常在日本的零售市場，DM 的成功率大約是 2～3%。而一些已建立起顧客情報管理制度的先進企業，更是嚴密地採用了縮小顧客範圍交集的策略，使得 DM 成功率高達二位數，並且附帶連店鋪全體的營業額都確實提升了。

具有先進制度企業之一的丸井，曾做了這樣的實驗，爲了配合超高級綢緞的展售，在對顧客群進行交集篩選後，抽出了 8 位來。他們對這 8 位顧客發送出 DM，結果 8 位都光臨店面並且購買了商品，成功率是 100%。雖然人數才只有 8 位那麼少，但卻可從這樣的嘗試中感覺出丸井的優渥氣度。由於這些顧客亦是經過一番挑選出來的，應該不會爲此而生氣。換言之，能夠被視爲優良顧客受到接待，其自尊心應有被重視到的感覺。這可算是充分地發揮了目標顧客篩選的促銷戰略。

其他尚有一些利用顧客情報從事有效促銷的方式，茲敍述如下：

①對於利用本店頻率高的顧客，可利用答禮卡、生日卡、紀念賀卡等方式，或特別招待及 VIP 卡的發行等方式，來防止其流失。

②相反地，對於隔了 1 個月、1 年等利用實績幾乎等於 0 的顧客，則採用緊迫追蹤方式使其活絡化。

③掌握住顧客其他的信用卡支付是否已告結束，或是何時結束等訊息，配合其結束日期適時地展開 DM、電話行銷活動。

另外還有 RFM 的個別利用法，如 R(最近購買日)，便可利用來掌握已很久未登門的顧客名單：利用 F(購買頻率)可掌握偶而光臨購物的顧客的購物步調。當 R 得分高而 F 得分低的時候，有可能是新的顧客，若 F 得分高但 M(購買金額)得分低的例子，也可能爲其藉著購買此一商品，便可獲得同一系列的贈品之故，但相反地也可能顧客在其他商店購買家用品等等，RFM指數可以幫助做判斷。

在做需求預測時，應避免天馬行空似地推斷賣得了賣不了，而是完全要依數據資料所顯示的「事實」來分析。老手的推測和經驗並不一定可靠，事實的分析結果是和需要預測結合在一起的。不要只停頓於因爲某一商品很暢銷，便將同一商品繼續進貨而已，要去驗證銷售實績數據，並加以分析來預測出下個會成爲賣點的商品爲何，再加以企劃生產，供應上市。

在這個市場成熟化的時代，商業的一大重點在買替市場上，尤其是汽車產業等，就好像在一塊大餅中瓜分自己的地盤一樣。因此在日本的汽車市場上，可以見到他們迎合顧客各式各樣的要求，甚至到了過於誇張的地步。許多的車種、配件模型的生產花費極高，使得人手不足的問題更加嚴重，希望業者們能瞭解所推出的商品，應真能符合並滿足顧客需求的基本道理。事實上，顧客所想要的應不致於有這麼多種類才是。我們要的是建立一套一貫的戰略性銷售預測制度，其中包含因應顧客需求而產生的生產及銷售過程。

⑵戰略性活用法

「戰略活用方法」，是當店鋪想改建、改裝時、想推出新店面時、想改變商品陳列時、或是想找出顧客需求和本店經營理念之不吻合處時，可以使用的方法。這些可藉由多條件、詳細評估顧客資料庫、掌握事實的手段，來展開戰略性的行銷。在此狀況下的情報分析就不單只是顧客個人的特殊化形象，而要以營業據點全體客戶的側面情報、購買資料情報、購買商品情報來分析，以宏觀的方式來掌握顧客情報。

下面舉例說明顧客情報、商品情報該如何詳細分析、發出。

①地域別消費分析表。在分析本公司、本店的顧客後，掌握其地緣和交通工具的關係，以及是否要擴大商圈。

②顧客屬性分析表。掌握支持者屬於那一年齡層、那一種性別等。

③職業別消費分析表。掌握顧客中以 OL 居多，還是主婦、薪水階級等。

④持卡會員的工作流動分析表。掌握各商圈內持卡者的增減以及利用率。

⑤居住形態分析表。在商圈中私人房屋多否？是否爲公寓？

⑥支付狀況分析表。依各付款方式別中觀察顧客的分佈狀況如何。

⑦支付形態分析表。依支付形態來觀察顧客的分佈。

透過以上的分析結果，可以得知顧客的全面資訊。

①購買模式分析表。掌握客人在一定期間之內消費頻率的屬性別爲何。

②顧客活動狀況表。掌握有多少停止的顧客。

③月別消費分析表、星期別消費分析表、時間帶別消費分析表依各月份、星期、時段來掌握客層、客數、成交額等。

④顧客貢獻度分析表。掌握那些顧客常光臨，那些顧客最近都不上門。

透過以上分析結果，可以得知顧客的購買模式爲何。

①相關消費分析表。知道那些商品和那些商品是可以連鎖銷售的。

②顧客層別消費商品分析表。掌握那一些商品對那一種顧客層而言是最有賣點的。

仔細分析①②，可獲知購買商品之間的關聯性。

③商品別顧客層分析表。可掌握住那一類商品會受到那一層顧客的喜愛支持。

④賣出統計表、暢銷商品表、滯銷商品表、明星商品表藉此可掌握何種商品應置於何種位置。

⑤購買商品顧客分析表。掌握本公司、本店鋪鎖定的目標顧客所購買的商品。

⑥初次消費商品分析表。依性別、年齡別來掌握那些商品是促使消費者，成爲本店顧客的觸媒。

透過以上的分析結果，可以對賣出的商品有所掌握。

換言之，對於商圈內居住了什麼樣的人？是否要擴大商圈範圍？競爭商店的狀況如何？是冷還是熱？鎖定的顧客對象的輪廓爲何？交通環境狀況如何？還有自己的店面最受到那一年齡層的支持？顧客的購物模式爲何？來店顧客人數最多的是休假日、還是平時的日子、是白天多還是晚上較多，是否會依季節而有所更動呢？本公司、本店中那些產品是暢銷的，那些是不好賣的，那些是明星商品？又是以那些商品爲戰略商品？應以上述各種問題分析的結果，和自己的企劃相互結合才有效。如圖 3-6。

像這種從各種角度去分析生活者情報，藉掌握住實際商品的銷售狀況，可以做出有效的判斷。

圖 3-6　戰略性活用

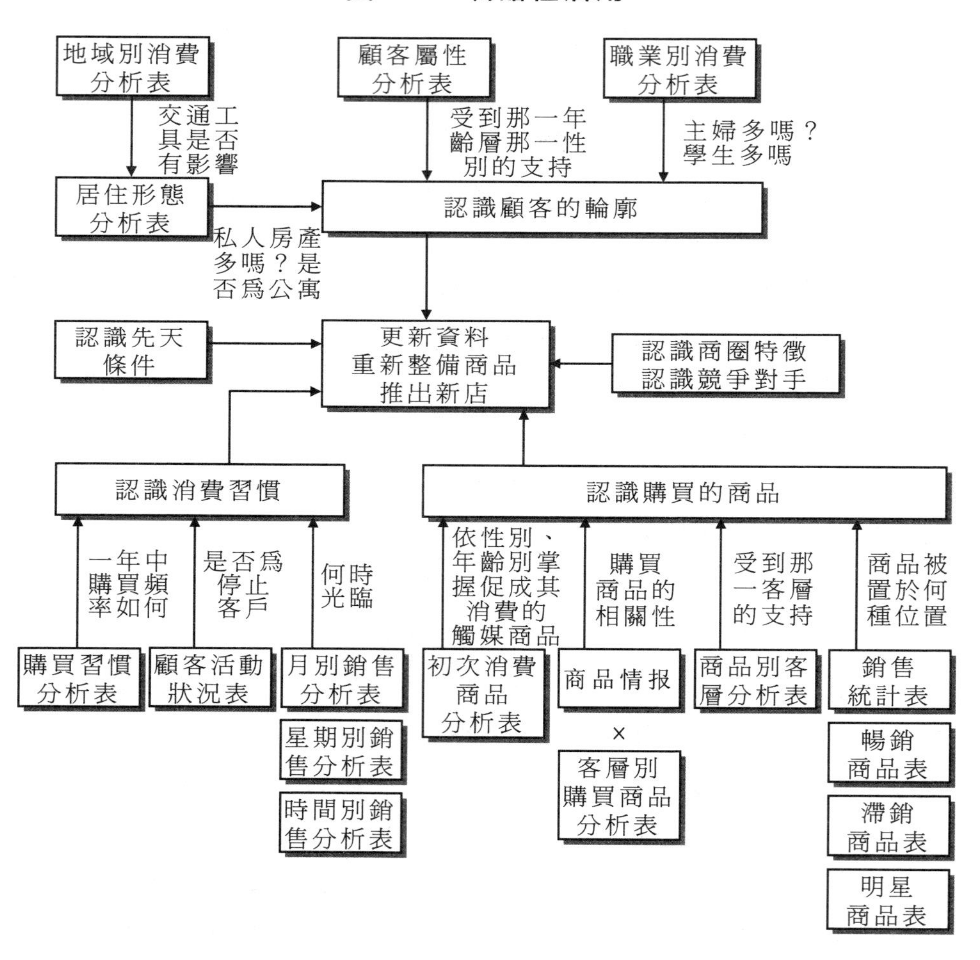

在此最重要的要算是「概念」了。譬如說在都會區的高級仕女服飾專賣店，若抱持著「大量購入 A 品牌服飾以較便宜的價格賣出」的想法，或是「今夏 B 品牌服飾很暢銷，在秋季的

時候也推出B品牌的新款服飾」的想法的話，以長遠的眼光看來並非上上之策，因爲這並非廉價商店。應該是在充分把握了自己的顧客口味後，假設是C品牌好了，就要將C品牌的貨樣備齊，專走C品牌路線，店內的陳設也應和C品牌有相互呼應之處才是。

換言之，現在已不是「商品中心」的50、60年代，是以「生活者中心」、「概念中心」爲重點的時代。

能夠提供接觸到目標顧客的「知性面」、「感性面」的商品、能夠企劃開發服務項目，甚至爲消費者創造「購買的理由」、「使用的理由」等具魅力的積極性，這些是企業所一直在追求的。而顧客情報管理制度可以提供企業所需要的情報，但是情報並不是收集來後就沒事了，若不配合公司的政策加以整理的話，就完全沒有意義了。

如果「顧客情報管理制度」具有和人事管理、財務管理、特別是商品管理、貨物流通管理等其他制度交流的機能的話，則可說是更具戰略性了。另外，這裏所談的情報管理並非由連鎖店企業、經銷商、持有銷售店的企業等企業的各個據點的情報管理，而是由本部擔任主機的角色和各據點的終端機，做連線的集中分散型一元化管理體制。也就是由本部到支店，要建立一套一貫的完整情報系統。

七、顧容情報管理在組織中位居何處

就算有一套很棒的電腦系統，顧客情報管理也不是立刻就可以做到的，必需要建立制度並且使其固定化。也就是要構築一個可以達成企業在其目標市場上的企業目的之計劃。

顧客情報在組織中要留意的是，它並不隸屬於所謂的情報管理系統部門或是電算部門，而是由營業本部直接操作控制，就組織中職員而言，顧客情報管理並非由 SE 或企劃集團所操作的，而是由在營業、銷售上具強力行銷概念的戰略小組來擔任（如圖 3-7）。若要在市場上較其他競爭企業更佔優勢的話，就應攝取新鮮、正確、直接的情報才是。

圖 3-7　顧客情報管理系統體制（例）

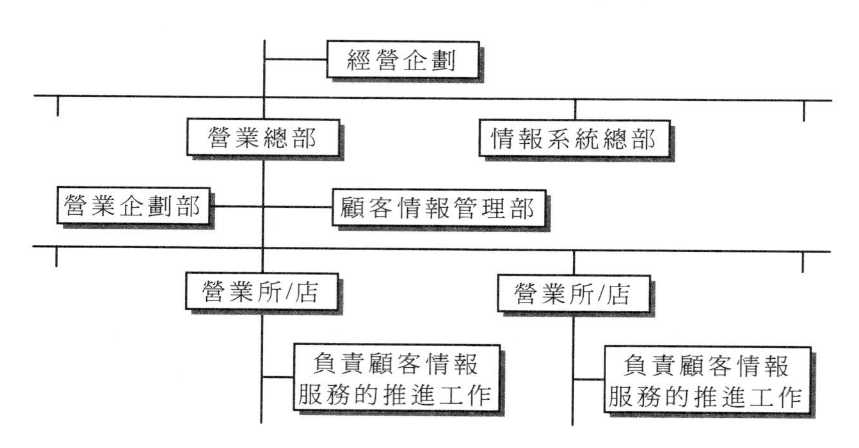

顧客情報管理就應置於和最近市場的各營業據點最密切的地位，甚至還必須和經營首腦、企劃部、情報系統本部等單位有暢通的流通管道。下面所述的職務將會是貫徹執行容易的體制。

另外，在系統的固定化上，必須在各營業據點設置一位制度推進的負責人，這是很重要的。要再強調一次的是，顧客情報管理系統是全公司經營的一種制度，並非某一負責部門的自我滿足便算了事，連最細微的作業員也要貫徹此制度，才能期待它的成功。

考慮的機能項目包含下面各點：

⑴市場動向。該系統所必要情報的掌握、分析。

⑵共同交流範圍。和企劃部、情報系統本部、營業處、分公司之間的接點；和系統相關的公司內部研修、宣傳(PR)。

⑶顧客情報處理。顧客情報管理系統的設計、開發；顧客資料庫的保存、經營。

⑷會員卡情報管理。顧客情報的管理，會員卡發行管理，會員卡服務項目的選定、開發、強化。

⑸顧客分析。顧客動向的把握分析，優良顧客的把握分析。

⑹商品分析。買賣動向把握、分析、銷路管道的掌握。

⑺企劃策定援助。商品企劃支援、促銷計劃的支援等等。

爲了消弭操縱此系統員工和非操縱此系統員工之間的差異，組織的存在是有必要的。在美國的 CIO、MIO 便是眾所週知的一個例子。

爲了能回應生活者多樣化的需求，建立和生活者、地域相互關係密切的「思考工廠」(THINK BRAIN)的組織，上級的強勢領導是不可缺少的。若沒有一個正式的處理態度，這個組織的成功希望不大。

另外，要明確地定出這個系統中所期望的是什麼，期望的目標在那裏等。顧客情報管理其本身的評量工作是很難的，因此也希望能同時開發出一套評估的方法來，因爲這樣才能計算出符合已明確的「期待效果」的投資額，即所謂的「費用對應效果(投資報酬率，ROI)」。

在把握了戰略投資決定要素的3C，即COMPETITOR(競爭對手)、CORPORATE(公司組織力)、CONSUMER(生活者)的強弱，以及市場需求、實現可能性、魅力度、成功要素後，還要將這些相關因素，在構築顧客情報管理制度的時候考慮進去。

八、如何處理現金顧客

使用信用卡的顧客平均消費額在4、5萬元日幣，相對地現金顧客平均消費額是5000～6000元日幣。換言之，現金顧客以少量購物爲多，我們只能透過其消費額去掌握顧客情報而已，這些只能提供我們對暢銷品、非暢銷品及焦點商品掌握的資訊，運用到商品管理上。而且基本上不喜歡使用信用卡的顧客以老年層居多，並不見年輕一代對信用卡產生什麼排斥現象。現金客會自然地消失，從企業的鎖定對象中脫離，並不會構成太大的問題。

如果是像這個企業一樣，目標顧客年齡層較低，或是已有數千萬人的會員卡持有顧客，並打算今後從其中挑選出優良顧客爲焦點的話，也許都會有這樣的看法。不過，對大多數企業而言，如何將這些近來持續增加的現金客固定化，仍然是一個重大的課題。

⑴亮出會員卡

一般對此問題所能思及的對策，應該還是讓會員卡出面解決。也就是向現金顧客宣傳、通知，使他們知道只要成爲會員，出示會員卡，就可以得到折扣或是其他許許多多的優惠待遇。即使如此，還是會有一些想要逃避會員卡的顧客，對於這樣的客人除了使用信用卡對策以外，尚有以下幾種方法可供參考。

①現金顧客的 ID 卡

即使是付現金也可以使用卡，而此並非利用磁條的類似信用卡功能的後付款制度，而是在 ID 機能以外再加上一點保險的卡種。

②「友之會」成員卡

在日本不管是那一個百貨公司(東武、高島屋等)，從很早以前便實行這種制度，所以稍嫌陳腐，因此有必要將此類友之會做一番革新。

③預付卡

爲了收集顧客情報還附加了 ID 的功能。由於結算處理提前、高餘額度會促使顧客再度登門消費，對業者而言有正面好處；另一方面，對不喜隨身攜帶零錢的消費者而言，卡的方便攜帶是一大福音，因此普及得相當快。但另一方面，萬一餘額低的時候該怎麼辦，讀卡困難的時候怎麼辦？像 NTT 電話卡一般的模造卡片保護又該如何做？等等，還殘留著一些待解決的問題。再加上對消費者而言，預先付錢是一項負面不利點，因此今後在開展此卡的業務上，尚需花費一番心思自不待言。

例如，伊勢丹「道卡」的發行卡種由 3000 元～10 萬日元不等，不另給酬金；三越「夢之卡」、高島屋「玫瑰卡」一商品券的卡式化；西武鐵道的「自我設計卡」；東京瑪林企業「瑪林休閒卡」來勢洶洶；成城綠之廣場「球之卡」，除 1 萬日元的卡之外，再送 2000 日元作酬金，得到消費者莫大回應；「卡妮 SP 卡」爲 500 日元～10 萬日元的企業促銷贈答用卡。

④IC 卡(INTEGRATED CURCURATION)

加入了在就診、車檢時也可活用的情報，但爲了安全起見也編上密碼。

⑤獎賞卡

將以往的郵票以及貼紙加以卡式化，使顧客更加方便。滋賀縣長濱的 SC 二葉屋(當地首屈一指的超市)，由二葉屋管理獎賞的分數，當顧客的分數到達定點時，便郵寄折扣券至其家中，以此方式獲得極大的成功。購物者中有 40%是持卡會員，而其中 70%是地方居民。

最近出現了一種在此功能以外，加上預付機能、ID 卡機能，在顧客持卡消費時可以發揮收集顧客情報的功能。

⑥找零管理卡

由店面這一方來管理麻煩的零頭，當累積到一定金額時便在加上附加價值後歸還，或是以商品的形式奉還，這對顧客及店鋪雙方面而言，都使找零頭變得容易處理，而且會促使顧客重覆上門。這是屬於消費額低，消費頻率高的店鋪走向。

⑦銀行 POS 借貸卡

這種卡在美國稍多一點，由於與日本國情不同，會造成何種影響是一大課題。這對中年層來說可以持肯定的態度，若是年輕一輩很容易提動戶頭中的存款，還是以只賺到幾天利息的信用卡比較合適。

⑧多機能型卡

在一張磁卡上聚集了印章功能、預付功能、信用功能、銀行 POS(販賣時間情報管理)功能，可期望能開發出流通網路中心來。這屬於商店街型適用，像這種多機能型卡可以依企業來選擇必要的機能活用。

甚至以商店街活性化政策姿態出現的 5 種功能 IC 卡，也在 1992 年 4 月開始正式登場了。

例如，京郡西新道錦會商店街、壬生京極會商品街，中央電腦和各商店的終端機相連線，除了預付功能、信用功能、計分功能以外，還擁有家計簿功能。(70 天份的購買日期、金額、店名等資料完全免費提供)、賒賬功能(附有請求功能，由各店自由裁量)，而且終端機還附有鐘錶，可以立刻反應出顧客的相關紀念日。

此外，除了上述卡片的方法之外，還可由下列媒體來收集顧客情報，進行促銷。

- 消費傳票、配送傳票、定做傳票、SIZE 修正表。
- 保證書(家電用品等)一限定商品。
- 服務卡(眼鏡行、美容院等)。
- 修理、補充訂正、加工等傳票。
- 申請書(貸款、信用保證、友之會、小組織、DM 等)。
- 抱怨情報。
- 顧客的記錄。
- 名片等等。

例如在西武百貨店，它們的嬰兒用品賣場透過懷孕中的顧客消費情報，建立了一個以那些顧客爲中心的小組織，在提供準備當母親的女性育兒知識的同時，在關聯商品的 DM 抽出上有極大的幫助。

⑵**再確認一次原點**

有些企業對以卡爲手段的顧客組織化戰略，嫌有太過於強調其效率性的味道，因而本末倒置地擴大會員卡人數，違背了卡片發行的基本方針，極易導致自取失敗的結果。

何況對流通業的會員卡會員而言，在店鋪自動獲得 3%～5%的折扣並不算什麼稀奇事，但並不是說要因此停止這種自動打折的服務措施，該如何在這點上突顯出自己的不俗之處，才是流通業界的共同課題。

而流通業中的「世存」和「丸井」就沒有 5%的折扣優惠，這是一種使顧客認識本店正確價格的戰略，但「世存」有其取代的變通方法，就是在每個季節提供 10%的折扣服務。這是否意味著對零售業者而言，仍然無法坐視生活者容易被折扣所吸引的心態呢？

但是，百貨店畢竟不是批發店，若經常以此種方法經營下去，不用說一定會導致收益的減低，而且對百貨店的形象亦有損傷，以長遠的眼光來看必非上等策略。最自然的方式還是維持「適當的價格」，提供生活者產品及服務的基本原則比較適切。若以此原則爲基礎的話，自然而然對折扣的處理方式就各有不同了。關於會員年費的問題，近年由於金融系會員卡年會費的提高，一些發行私人企業會員卡的公司，也開始向會員以卓越服務的回饋爲名目收取會費，對其中貫徹免會費的零售業而言，這不用說也算得上是一種差異化的戰略。「卓越服務的回饋」是企業編造出來一廂情願的說詞，不但顧客不願如此，甚至可說是強迫推銷了。

無論如何，所考慮的都是近視般地只從一個角度去檢討事情而已，也可以參照「3C，4P」來檢討，當應該要回溯原點時，就可以引用此方法。

舉例而言，組織資源的一個重要因素「人(職員)」的問題，在喟歎人手不足之前，是否有想到過，可有人力資源浪費的情形？員工是否生龍活虎地爲公司賣力？是否有心於接待客人及良好的反應態度和道德的提升？這些問題是工作場所中活絡化的關鍵。

像近年異軍突起的任天堂，約800位職員，其年收入竟超過了日立製作所。任天堂將重點置於人力資源的活用上，每一個人的頭腦都充分發揮其智慧，在具高附加價值的事情上投注心力，可以說他們製造了一個使員工充分發揮所長的工作環境。

在上述所提的站立到原點上之後，應該要認識待客的基本重要性，將焦點鎖在「生遊(活)者」身上開始有所行動。想一想是否顧客上門後，仍然是沒什麼特別感受，就這樣回去了呢？或是令顧客感到不愉快？現在要站在生遊者的立場，一項一項地檢討下列各點：

- 是否備齊了他們所需要的商品和服務？
- 顧客光臨時會有興奮、期待的心情嗎？
- 或是會變得心神舒爽、優雅？
- 本店的經營理念、特徵爲何？

・這些理念是否有和顧客的需求、希望相左之處？

・銷售人員的商品知識充足嗎？

・待客技巧如何？

・可以感受到其誠意嗎？

・是否有獲得任何情報？

・售後服務如何？

・顧客會想要再度光臨嗎？

……

對於以上種種微乎其微的小事，顧客都是很敏感的。在今天，各式各樣的卡制戰略領導了主流，但事實上卡片只不過是促銷的一種手段、工具罷了。最重要的是不依賴卡制之下，如何製造一個使顧客成爲本店、本公司支持者的環境，這才是基本之道。

尤其如果身爲流通業、服務業者的話，不應在會員卡上標榜差異點，而應在更本質的東西，如：商品別、商品品質、店鋪形象、待客技巧等項目上力圖差異化才是，再三強調會員卡只是輔佐用的工具。若因爲競爭對手都風行發行會員卡，而認爲若自己也發行更多的會員卡，就會成爲其中佼佼者的話，這種想法就是屬於一窩蜂型、集團性的思考方式了。

使用會員卡制多少對顧客組織化有些效果，但必須思考出一套更基本的，如增加支持顧客數等計劃來。要慢慢停止和競爭者之間的同質化，提供本店、本公司獨一無二的服務。

必須提供使顧客感到愉快的因素，並發掘其他未知的因素。此外如果卡制戰略果真具有效果的話，能夠有一套方法來評估卡制的採用是否恰當也不錯。藉著這樣客觀的評估，不僅可以實現擴大顧客(會員)人數，也可將富裕的顧客和優良顧客成爲自己的固定顧客。

另外，在決定發行會員卡之後還有一個課題，那便是當初對卡制會員擴大戰略有莫大的信心，但面對未來的21世紀，必然會將此戰略轉變爲對商品、服務的「質」的戰略，這點要有認識。

遊樂場中首屈一指的狄斯奈樂園，爲了維持顧客的刺激感，常常費心於遊樂項目的更新，也爲此投資了大筆花費。在狄斯奈樂園成功的背後，可以看出其全力追求配合「生遊者」的需求所付出的努力。若不是這樣恐怕也難以維持其NO.1的地位。像這類遊樂場所，所謂的「樣板公園」，在日本約有30家，到處胡亂林立，由於其資金不足、認識不夠，多半呈現面臨關門的危機。由此可看出，要在「生遊者」心目中擁有持續的魅力，是一件很不容易的事。

9.以企業為顧客對象的關鍵

美國亞特蘭大的NDC(NATIONAL DATA CORPORATION)，是一家接受銀行委託處理加盟店業務的委託處理公司。

在其顧客名單中，有美國銀行、市銀行、大陸航空、麥當勞等企業。在美國200萬件以上的加盟店業務是透過銀行接受NDC 系統的服務。其在日本的顧客是第一勸業銀行和東京銀行。NDC的財務狀況在1990年9月，有交易額高達2億2700萬美元的漂亮業績，現在仍在上升中，最主要的因素，在於其對於顧客提供的服務。下面介紹一些實例。

⑴加盟店(由 NDC 的角度看來是顧客企業的客戶)需要的東西，他們努力去配合滿足。

⑵提供加盟店具有附加價值的資訊。例如交易情報、支付情報、從業員的考評和稅務報告上可以使用的資料(如，平均一位侍者可以接待多少位客人的統計資料)。

⑶和顧客(提供銀行)相對的組織繼續研究開發，使加盟店的服務品質提升。

⑷和銀行員一起到各加盟店，進行服務示範教育。

⑸24 小時服務體制。

⑹利用外部調查公司調查服務品質，向提供銀行(顧客)公開之。另外他們也直接聽取顧客的評價，向顧客以及加盟店顧客提供最新的服務。

⑺他們的基本訴求爲「顧客至上」，在此原則之下展開其各項細節工作。

從 NDC 的例子中可以學到，在提供使自己的顧客(銀行)能謀得利益最佳服務的同時，亦不惜盡最大努力幫助顧客的客戶(加盟店)提升其業績的精神。

對有意發行會員卡的顧客而言，加盟店便是他們的顧客，也就是說加盟店不單只是一個顧客的角色，它也是一個增加收益的重要財源之一。如何提出處理加盟店問題的對策以及符合其需求，將是以企業爲顧客對象的事業關鍵。

10.建立加盟店資料庫的重要性

在此狀況中，需要的不是顧客資料庫，而是「加盟店資料庫」的建立。在「加盟店資料庫」的資料項目中，除了加盟店的地緣關係和特色以外，擁有者或店長的經營哲學、理念等，甚至依其店鋪的的規模、基本屬性、家族情報等，都可以成爲有效活用的基本資源。即在診斷了加盟店的輪廓和理念後，才能開始籌劃加盟店開拓計劃和連鎖店的拓展。基本上，大都以提升加盟店的業績爲目的，在策劃時不可忽略此目標。

例如，近年來，有很多企業(加盟店)一般都有著下列的共同課題：

- 提升對顧客的吸引力。
- 人事費等經費的削減(引入機械支援的必要性)。
- 授信加盟店的手續費(尤其是銀行系)的低減。
- 結賬時辦事效率的提升(借貸處理以手操作的時候,若非統一傳票則處理上會更麻煩)。
- 辦理貸款時認可時間縮短、受理時間延長。
- 縮短貸款公司存款期限。
- 職員的待客技巧、商品知識、貸款辦理等相關知識低落(研修、教育支援的必要性)。
- 對顧客的抱怨適時回應的必要性。
- 和其他公司、店面差異化的必要性。
- 職員道德低落的處理對策。
- 工作場所的活絡化。
- 營業成績的提升。
- 行銷戰略、戰術的策定(必須獲得促銷用的數據資料：促使生活者消費高的會員卡使用率、競爭對手的所得、按小組別統計的數據等等)。

在探究加盟店問題解決方法的過程中，必然會遇到自己公司本有的問題，一些會迫害到自己利益的項目和辦不到的項目也會出現。不過，基本態度還是得考量加盟店問題的解決方案，以適當的經費提供必要的情報、附加價值及應有的認知，積極地支援加盟店，與其一同成長。

換句話說，從人、物、資金以及時間面上，將自己的顧客企業(加盟店、銷售店、批發店、零售業、營業店、經銷商等)導向成功之路。第一步便是積極以舵手的姿態支援協助加盟店，在成功地幫助第一家店鋪提高營業收入之後，會給其他加盟店產生好的影響，便可以平順地展開橫向的發展。自己的顧客企業也可以藉此對其目標顧客進行種種計劃，如此不但對自己有業績上的好處，也可以從中獲得各經營者的經營哲學。

在此部份「生活者(生遊者)」仍然是關鍵。因爲這些顧客企業的客人(CUSTOMER´S CUSTOMER)仍然是消費者。

心得欄 --

九、豐田汽車案例

1. 公司概況

創立：1946 年 9 月

資本：12 億 6500 萬日元

營業額：915 億日元(91 年 3 月期)

新車營業額：730 億日元(新車銷售數量 36730 台)

中古車營業額：73 億日元(銷售數量 23890 台)

服務營業額：83 億日元

出租收入：28 億日元(出租保有台數 4201 台)

從業員數：1800 人

事業內容：汽車銷售、配備、出租、損害保險代理銷售。

營業所數：大阪府 69 家。

營業項目：新車銷售、中古車買賣、汽車配備、計程車、損害保險代理業務。

在大阪的 TOYOTA 汽車，將顧客情報管理「營業支援系統——D40」有效活用，是和其子公司的大阪資訊組織共同作業出來的結果，他們基於下述汽車市場特徵和制度開發的背景，建立出自己的一套方式。

順便要提的是，將此計劃命名「D40」的由來，D 是取「顧客 DATA BASE」的 D 來表示顧客資料庫，40 是 40 週年紀念。

2.**現代汽車市場的特徵**

⑴**市場的成熟化**

當市場成熟時，買替的需要佔了其中大部份，而新式車的需求非常少。這就好比在彼此爭著分食一塊大餅，當某一廠牌的車子銷售業績好時，其他廠家的成交數量就會減少的現象隨之而生。

另外，像 TOYOTA 本身有五系列的銷售店(TOYOTA 店、TOYOPET 店、COROLLA 店、歐特店、VISTA 店)，日產本身有四個系列的銷售店(日產店、日產汽車店、SUNNY 店、PRINCE 店)，在這樣的情形之下，不免在內部會出現競爭激烈的事實。

此外，配合著需求的多樣化，各廠牌的車名競相增加，更促進了競爭的激烈化。

⑵**檢測設備的法律義務**

當顧客被賦予 2～3 年做一次車檢、每半年做一次檢測設備的法律義務時，也表示顧客在購車之後，和營業所的接觸機會增多了。

⑶**汽車壽命的長期化**

購入新車後到下一次買車的間隔期間，由 1963 年左右約 2 年半到最近已延長爲 5 年了，這表示和顧客做長期的購通是很必須的。和⑵項中與顧客頻繁的接觸機會互相配合，由從前以車爲主體轉變成以人爲主體，也就是瞭解生活者的必要性愈來愈強了。

⑷**市場上必然會有汰舊的車子**

現在較賣車更重視買車，車市場就好像一個買替市場，並非只注意於賣新車，必須換個想法，朝現在使用中的車子買進來動腦筋。

3. 制度開發的背景

⑴難以預測的買替時期

向來在第一次車檢(買車後第三年)左右，汽車買替率約佔15%，但從60年左右開始，顧客的買替行動就顯得零零落落，何時買替並不明確，使得要掌握其買替時機變得困難。而且有許多自治團體以保護生活者隱私爲出發點，制訂了個人情報保護條例，日本通產省也在1989年4月發表了「民間部門」的電腦處理有關個人情報的保護方針，在民間公開使用情報也變得比較困難。這也是使買替期的預測變得困難的重要因素之一。

⑵銷售形態的變化

向來以訪問銷售的形式佔了40%以上，但近年來取而代之的是，在營業點以及由友人的介紹所促成的銷售(兩者加起來約60%)。而店頭銷售的方式不但開放了展示廳，而且是屬於顧客來店的方式，換言之就是所謂的待機銷售。這也表示若沒有客人的足跡，汽車的銷售台數就會跟著下降了。

4. 「D40」制度的基本概念

在營業效率低落以及用人困難的背景因素下，將「D40」系統的基本思考方式，應用在「提升營業效率」之上。

所謂「D40」便是探測出顧客的「JUST IN TIME」，建立一套「在顧客有期望的時候，能適時推出其期望的行動來」的制度，使營業行爲達到適當化。

此外，所謂4P的行銷要素(PRODUCT、PRICE、PROMOTION、

PLACE)在此則變換成 POWER(作戰力)，且並非以製造商的立場切入，而是由經銷商的立場來進行顧客情報管理。一般通用的手段如：訪問銷售，當顧客來電時透過電話的商談、或店頭銷售方式，因經銷商的人手不足，無論如何以這兩三種方法所能達成的效果有限。如果說想要以新銷售手段(銷售網路)及提升職員素質來克服上述問題，那就得搬出「D40 制度」了。為了配合其制度化的需求，以下列二點為其目標。

①顧客預測情報的提供。

②在預測目標達成前的資料管理。

接著將由下述觀點來具體地衡量「顧客預測情報的提供」。

(1)預測汽車的買換期

必須確實將汽車購買顧客的名單提供給營業員，而在預測其購買時機時，可說必須在符合「有購買慾望」、「有購買機緣」、「有足夠的經濟力」三個條件之下才有可能。具體的考量之下，可發現如：

- 現在使用中的車子已經落伍了。
- 車子很耗油。
- 車子外表有凹損或油漆脫落的狀況。
- 有喜歡的新車上市了。

……

等等因素，會造成其「購買慾望」或「購買機緣」。

將蓄積了的許多數據項目，依顧客的性別、年齡層、職業別等各角度加以分析，將分析結果加以重新組合後，可能得出下列結果：

・A 先生在半年內可能會換車吧！

・B 先生恐怕在這兩年還不會換車。

……

等等的預測判斷，在這兒並不以目標顧客層集團做掌握，而是以個別顧客的情形掌握。

⑵資深職員的 KNOW-HOW 制度化

爲了使營業活動更有效率，在資深職員的日常活動中組成專門小組。將業績好的職員所具有的 KNOW-HOW，以 AI(專家系統，人工頭腦)使之制度化、系統化，對負責的營業員提供更精細的推銷戰術建議。

這些老練的營業員根據個人情報或法人情報，來進行各種推銷活動(電話、DM、查定、訪問等)，將其步驟條列化後，便可成爲給新進職員的指導手冊了。這就是所謂 KNOW-HOW 的制度化了。

這套制度的內容就像菜單的形式一樣，只要稍微參考一下，便對顧客訪問的技術有所提示支援了。換言之，他們提供營業員有關那些若稍加推銷就可能成功的顧客名單，掌握 100% 的出擊。他們的目標便是要一套能確實掌握汽車買換需求的制度。在「掌握預測顧客前的資料管理」，是指利用所謂將顧客特定化、固定化的 IC 卡(卡中裝設有積體回路)，建立會員制度並實踐。

透過 IC 卡收集顧客情報的方法，如由「IC 卡會員申請書」中獲得顧客屬性數據(姓名、位址、電話、家族名單、車牌號碼等)，由各據點配置的終端機可獲得檢測、配備的記錄數據。由於各營業據點的終端機和本公司、綜合開發室的電腦主機都有國家連線之故，在本公司的數據資料庫會自動更新內容。

IC 卡幾乎到了無法僞造、更改資料的地步，安全性和保密性非常高。他們利用先進的 IC 卡(含有可以自由讀寫數據和約 2000 字記憶容量的程式)，來提升顧客(駕駛人)的服務品質，進而達到顧客固定化的目標。

雖然 IC 卡的最大記憶容量可達 8000 字，但大阪 TOYOTA 在評估了成本之後，選擇使用前述容量(2000 字)的 IC 卡。現在 IC 卡的費用一張約 5000 日元左右，他們將發行業務委託給大日本印刷公司。

在一片 IC 卡上，可以有 10 次的配備記錄量，到第 11 次時，便從最早的記錄開始洗掉再記憶。

大阪 TOYOTA 對於「IC」所持有的機能，以下列三種意義明示之：

- INTERGRATED CIRCUIT
- IMPORTANT CUSTOMER
- INTERNATIONAL CARD

在大阪府汽車擁有者中，40%是豐田系列的車子。總人口約有 90 萬人，而其中 20 萬人是豐田的顧客，在這些顧客中要讓 5 萬人成爲其 IC 卡會員，這是他們的目標。而這 5 萬名會員並不會再從中設定優良顧客的人選。根據豐田說法，一輛汽車的價錢約在 100 萬日元～700 萬日元之間，這些買車的顧客都是出得起錢、在一定程度以上的人，全部都是優良顧客。5 萬人只是剛起步的目標而已，因此只要一達成這個數字，他們計劃再增加會員目標數。

下面說明 IC 卡制度的會員概要：

①付費會員制：新入會者…入會費 2000 日元、年會費 1000 日元；續入會者…年會費 1000 日元。

②會員有效期限：三年(當有效期限到了後，只有完成送出會員卡申請書、登記後送還的顧客才成為續約顧客)。

③會員卡種類：下記公司之相關會員卡。

• 日本信販 VISA/MASTER

• 大和銀行 UC VISA/MASTER

• 大信販 JCB。

• 發行法人用公司卡。

④會員資格：購買大阪豐田汽車者、汽車到大阪豐田服務工廠者。

⑤招募方式：透過大阪豐田職員的直接勸誘推銷(職員可抽成)。

⑥卡的發行：一會員一張會員卡。一張卡一人 4 台，或是同家庭中 4 人則一人各 1 台登記。

⑦卡的利用場所：IC 卡──大阪豐田的店面，在 IC 卡的加盟店可受折扣優惠。國際卡──相關企業的國內、國外加盟店。

⑧付款方式：由戶頭轉賬。

⑨會員的福利：修理、購買用品時的折扣優待(10～30%)；保養時打九折；加盟店的折扣優惠(約 200 家)；免費檢測、免費換油、參觀與豐田汽車工廠、新型車內部特別發表會的招待。

⑩其他：會員報的發行(月刊)；ICTEL(情報服務)。

下面舉一些 IC 卡會員福利的實例：

①顧客自用車的相關情報都記錄在 IC 卡上，經常提供意見給駕駛人，以使其能舒適暢快地駕馭車子。(立刻能從過去的保養狀況和行車里程、換油時間來掌握車子狀況)。

②像部活電腦一樣，在大阪府內一元化的大阪豐田車店內，能夠以卡爲媒介貯存顧客情報，顧客可以受到一致、公平的服務。

③由於連線網路的充實，會員在大阪豐田關係企業、提供協力企業的 SS、DRIVE IN、餐廳、旅館、運動俱樂部的各種服務、修理費折扣等，只要有會員號碼便可簡單利用。

④設置 IC 電話服務中心，會員只要報出會員號碼便可得知汽車壽命的相關訊息。

⑤IC 卡和會員顧客的帳戶直接連線作業，不需付現金就會自動轉賬。顧客必須設定自己的密碼，也加強了安全性。

爲了能長期保持對預測顧客的魅力，他們使用先進的 IC 卡並且建立會員制度。如此一來，儘管換車循環期間延長到 5 年，還是能達到未來預定顧客特定化、固定化的效果。他們不只是管理顧客汽車買換情報而已，也同時在探求可能成爲顧客的對象。所以其理念是，在預測可能顧客在成爲顧客之前，管理其基本資料。

另外，進行家庭管理、搜集家族情報，像生日卡贈送鮮花等主動出擊的接觸，卻一直未見有人實踐。到今天都還沒有企業想出一套和個人情報相關的明確活用法。

此外：大阪豐田也提出了六點原因，來說明他們爲何要使用 IC 卡的理由。

①和其他卡片的差別化。因爲在發行當時，IC 卡是很稀有的，而且實用化也未臻成熟。

②情報的共有。爲了讓大阪豐田的顧客能共有整備情報，所以在卡上必須具有大量情報。而在 IC 片中除了記有顧客屬性之外，也能記錄契約內容和修理記錄、檢測記錄等必要的情報。

③保密性在近年來，隱私的保護尤其常被視爲問題之一。在這套系統中，當要戶頭轉賬時必須有密碼才行，因此具有保密、安全性。

④記憶貯存的分割、共有。藉大阪豐田和加盟店的記憶貯存分割使用，能擴大數據資料的使用範圍。這點現階段正在討論中，雖還未實現但在任何時機都可能成功。

⑤資料的更新。當會員換車或是買第二台車時，情報就很容易可以更新。

⑥話題性將 IC 卡和信用卡的功能集中到同一張卡上，即使由信用卡公司的開發觀點看來，也算是新工具。因此具有實用化第一的話題性。

而採用此卡的大阪豐田所得到的正面利益如下：

- 會員顧客的特定化、固定化。
- 能收集訂單上得不到的資料（家族成員的生日等），在掌握分析後，能產生較有效率的營業活動。
- 在何時期該提供何種商品，比較容易掌握。
- 活用 DM 及訪問銷售上（爲了達成 500 台的業績，向來需要做 100 萬次的接觸，但利用 IC 卡則可以正確把握需要預測，500 次接觸相對就有 500 台業績，甚至可能到 600 台，而多的這 100 台則是靠制度運作來的）。

- 可以縮減促銷經費的投入。（廣告傳單一張 10 元，夾報費一張 3 元等）。

IC 會員卡會員數的變動概況如下：

1987 年底	10788 名
1988 年底	25102 名
1989 年底	36710 名
1990 年底	43549 名
1991 年 9 月 17 日	46215 名

到了 1991 年 9 月後，稍有下降的趨勢（八月底：46，578 名），在 9 月到期的卡數是 875 張。其他尚有若干脫會者，那就被推測為名義會員卡了。

會員數低落一方面固然是重要的直接因素，但車庫法的修正亦是不容忽視的原因之一。以大阪府為例，車庫數量只有 16 萬台，根本處於不足的狀況下，在希望想出對策才解決問題的同時，若限定只擁有車庫者才能成為 IC 卡會員的話，就會浮現如何處理車庫問題的國策水準問題了。如此不但解決不了車庫問題，在租車率高升的相反面，車輛銷售數會降低絕對也是必然的事。另外，從 3 月～6 月這 4 個月間的會員卡利用次數（以大阪豐田服務工廠為例），平均是每月 3574 次。

茲依月份別分列如下：

1991 年 3 月	3528 次
4 月	4156 次

5 月　　2988 次

6 月　　3624 次

每個月在大約 5 億日元的整備處理額中，以會員卡支付的額款在 1 億日元以上。

在會員構成中，依個人別和法人別分，個人別佔壓倒性多數爲 92%，依性別來看，男性爲 93%，相對的女性則爲 7%。依年齡看來，以 40～45 歲的 15%爲最高、25 歲～54 歲的年齡層顧客爲第二順位，如圖 3-8。

圖 3-8　IC 卡的會員構成

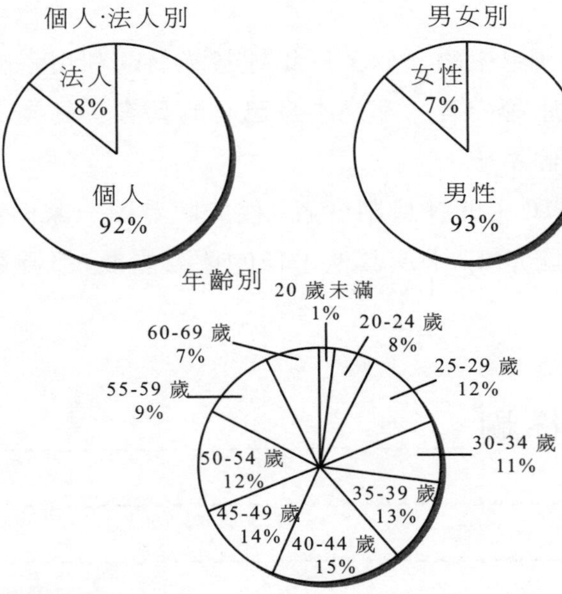

個人·法人別
法人 8%
個人 92%

男女別
女性 7%
男性 93%

年齡別
20 歲未滿 1%
20-24 歲 8%
25-29 歲 12%
30-34 歲 11%
35-39 歲 13%
40-44 歲 15%
45-49 歲 14%
50-54 歲 12%
55-59 歲 9%
60-69 歲 7%

5. **組織的體制**

爲了使此制度成爲全公司有效運作的制度，他們很重視組織體制的架構。因此此制度中有下列三個重點：

⑴**評價制度。**不光只是對每月的銷售台數作評估，連責任範圍內的顧客人數增減(貯存)亦爲評估對象之一。他們忠實的實踐制度，由制度中結合其輸出資訊進行各種活動，再將結果回饋到制度中，使制度能自動提升水準。

⑵**顧客責任制。**誰負責那一位顧客都預先決定好，他們跳脫出向來的地域別範圍，而改重視「人和人的脈動關係」，以顧客爲責任範圍的劃分依據。

⑶**推進組織。**若是以制度爲基準的活動，會有一專門組織做預測結果的工作，或是提出建議下一個步驟可進行什麼樣的實驗等等。

此制度的利用率約 85%，以年輕營業員的利用率較高，而顧客數據資料庫的內容，都是本身已有的顧客，基本上是追蹤顧客狀況的一個系統。

現在施行 IC 卡的會員制度者，僅大阪豐田一家而已，其他豐田的分店不論是 IC 卡或其他卡種的會員制度，都還在摸索的階段中。

心得欄 ------------------------------

十、伊勢丹百貨公司案例

1. 公司概況

營業形態：百貨店(最早由神田的吳服店發跡)

設立：1886 年 11 月

資本：339 億 6700 萬日元

店數：在首都圈有六家(新宿店、立川店、吉祥寺店、松戶店、浦和店、相模原店)。

賣場面積：14 萬 2716 平方公尺

從業員數：5414 人(到 1990 年 3 月 31 日止，以下時間同)

營業額:3711 億 5600 萬日元(91 年爲 4309 億 4600 萬日元)

新宿店營業額爲 2598 億 5000 萬日元(佔全部的 70%)(91 年爲 2901 億 3800 萬日元，佔全部的 67%)。

成長率：11.7%

店面：6 萬 1814 平方公尺(順位排名第八)。

和前年比成長率：11.3%(整個百貨業界爲 7.1%、超市業界爲 4.8%)。

經常利益：147 億 3100 萬日元。

獲利率：4%。

當期淨利：65 億 4600 萬日元。

個人平均營業額：5300 萬日元/年(包含工讀、臨時工)。

每平方公尺營業額：260 萬日元/年。

伊勢丹除了百貨店以外，還有 48 個相關子公司。

①流行 GROUP。MAMIINA、BANIZU、JFC、PRIO、THE BOX、ATELIER FRANCAIS、宇田木工等。

②食品 GROUP。QUEEN'S CHEF、伊勢丹 PUCHIMONNDO(餐廳)、伊勢丹 STORE、伊勢丹會館、CENTURY TRADING、脂一、FURESUCO(便利商店)等。

③娛樂 GROUP。伊勢丹運動俱樂部、伊勢丹旅遊、俱樂部 21、SING、伊勢丹 MOTORS 等。

④情報 GROUP。伊勢丹研究所、伊勢丹資料中心等。

⑤其他。伊勢丹 ROLLER CIRCLE、伊勢丹清潔公司、伊勢丹不動產、伊勢丹財務公司。

伊勢丹並非只有百貨店的營業形態而已，他們也加入了食品專門店、便利商店、娛樂業等多角化經營中，更廣義看來型錄銷售也做得不錯。加上其可稱為地方上首屈一指的百貨店，他們積極地向各地展開海外發展，並計劃提升這些相關企業的戰略性。換言之，他們的目標是指向「生活綜合產業」之擴充及發展，以邁進未來 21 世紀。

海外拓展：美國 DELAWARE(德拉華州)、新加坡五家分店、香港兩家分店、屬東西亞吉隆玻二家、泰國曼谷、臺灣、荷蘭阿姆斯特丹、倫敦、維也納、巴黎、米蘭、西班牙巴塞隆納、柏林(預定)。

其銷售品結構見圖 3-9。

圖 3-9　銷售品結構

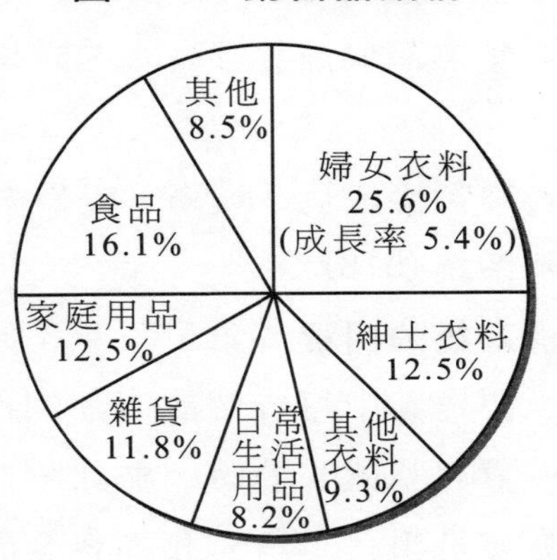

伊勢丹向來以衣料品爲強勢商品，在百貨店的營業額高達六位數，在此領域內可算是日本第一(90 年 3 月底營業額：1759 億 4200 萬日元、營業構成比爲 47.4%、成長率爲 5.4%)，通常以核心的新宿店最受到業界矚目。

在 1986 年創業 100 週年紀念的機會下，他們劃時代性地採用三層主題的方法，也就是整體的店面有一個主題，其中各個賣場再擁有其各自的主題。尤其是他們在女裝衣料上，以極細膩的審美感獲得致勝的關鍵。例如：以時髦女性爲主的時裝店「S.O.L」，採用了促使東京狄斯奈樂園成功之端的 THEMA PARK(主題廣場)手法，致力於使人光是在被訪問的時候，都能享受到生活舞臺的多采多姿。賣場是一幅會令人想起冬天雪景的清一色白的佈置，到了 12 月又改轉以休閒廣場爲主題，商品也改成清一色的休閒服裝了。關於婦女服飾，將伊勢丹之後按營業額排名的商店介紹如下，以供參考。

第二位西武：營業額構成比 14.8%、成長率 6.0%。

第三位三越：營業額構成比 16.5%、成長率 8.8%。

第四位高島屋：營業額構成比 17.9%、成長率 13.2%(爲第一高）。

第五位大丸：營業額構成比 18.5%、成長率 5.1%。

2. 顧客商品分析系統(CIS)

(1)顧客商品分析系統的目標

百貨店的特性，便是其中每一個商店部門都像「專賣店」一樣獨立著，但以百貨店整體來看時，並非一個聚集了各家專賣店的購物中心，應該是集合了所有和顧客全面生活息息相關的貨品，並提供服務的「一家百貨店」才是。因此在百貨店的顧客情報管理系統中，需要認識此特性，並以此爲基本來運作系統，這是很重要的。換言之，不但各個賣場可以獨立活用必要的情報，甚至整個百貨店也需有其共通的情報管理才行。

伊勢丹於 1990 年 4 月，開始其「顧客商品分析系統」的運作，其目標在於活用顧客的動態情報(購買記錄資料)，提升對顧客的服務品質，增加本身營業利潤。

伊勢丹的「顧客商品分析系統」(CIS)，是把握了上述百貨店特性之後所架構成的，而其架構起來的顧客相關數據資料庫，則活用於下列三個項目中。

①顧客經營。②賣場經營。③店之經營。

(2)顧客商品分析系統的特徵

此系統的特徵大約可整理爲以下四點，詳細的內容爲支援銷售諮詢、各種待客態度、DM 促銷活動等，使戰略性計劃較容易策訂。

①顧客屬性、顧客購買記錄、活動實績等相關資料庫的構築。

②具有依各個顧客、賣場、店面等各層次的顧客情報分析的機能。

③具有任何人都能操作的便利性。

④是一套連線即時處理的系統。

現在 OUT-PUT 賬票的使用數量不斷上升，不得不視其為演變的一個過程，無論如何都還有許多尚待琢磨、整頓之處。為了能建立顧客經營的顧客屬性、顧客購買記錄、活動實績等資料庫，必須有一個收集情報的工具，那就是下面所要提到的「I卡」了。

⑴ I卡戰略開發的背景

原本他們保有 300 萬名顧客的名單，並分配給每一位銷售員口袋大小的「小紅簿」(顧客資料簿)，以便做個人管理運用。這種方法是為了各銷售人員的個人的顧客管理情報，所配發的便利筆記簿，但是其功能僅止於此，對百貨店整體而言，很重要的顧客情報管理賣場全體管理，以及店面全體管理，就無法透過這小小簿子來達成了。換言之，其所能擔當的機能是不敷所需。另一方面，關於現金顧客的情報收集對策，他們曾嘗試了下面二種方法：

①在銷售的時候，向顧客詢問其電話號碼，在做賣出登記時藉 POS 輸入電話號碼，這是 POSTEL 系統(浦和店)。

②成立團體並發行 ID 卡，在顧客購買時向其推薦。但結果是，前者並未受到消費者的好評價，實行了一個月後便停止了。

後者則是活動經費太高，也是在短期間內便停辦了。雖然認識到現金顧客的重要性，但是如何從服務過程中取得其必要的資訊則是相當困難。

接著以所謂有錢的「嬌客」以及在企業中擔任主管以上職務者和有把握的顧客為目標，發行由信販系協助的信用卡。當時在 300 萬名顧客中，有 19 萬人是可以收集到購買記錄情報的信用卡顧客。

另一方面，透過顧客名冊中心的 DM 制度，雖然一年中抽出處理的達 1100 萬件，但是使用了莫大的投資金額，而抽出作業本身過程太複雜、而且顧客的回應率相當遲鈍（只有 3～5%而已），根本達不到令人滿意的效果。

他們希望能在競爭激烈、生活者需求變化多端的潮流中，想個辦法掌握住顧客的面貌並達到固定化的目標。為此他們開始重新評估 1986 年開始施行的會員卡戰略，推向了以獲得顧客為中心點的「自社會員卡戰略」的評估階段。

當時歸納出來有下列四點問題：

①無法掌握住誰是伊勢丹的常客（優良顧客）。

②有關顧客的情報太少（在 300 萬名顧客中只有 19 萬名顧客資料）。

③沒有專門負責顧客商品分析的人才。

④缺乏顧客商品分析系統。

⑵ I 卡的開發目的及今後方針

新會員卡戰略是針對解決上述四個課題而成立的，以如何收集顧客情報，如何將情報回饋到顧客身上為首要解決的問題，再從店頭顧客卡制化的促進開始著手。換言之，會員卡戰略的目的，在於顧客情報的收集以及活用。

1988 年，伊勢丹開始推行公司全面的會員卡顧客獵取運動，以下列三點爲達成目標。

①擁有 100 萬名「I 卡」會員(光顧的客人在店頭等 30 分鐘便可拿到 I 卡)。

②建立「顧客商品分析系統」。

③設立 CIO(CUSTOMER INFORMATION OFFICE)

首先登場的是會員量的擴大戰略。藉此達到使 300 萬顧客的 1/3 即 100 萬人成爲會員，到了 1991 年已經有 160 萬名會員。根據來店顧客的調查結果，顯示出顧客對 I 卡的認知度幾乎是 100%，其中的 50%來店顧客攜帶著「I 卡」，其中有 30%以 I 卡來付賬。而以信販系、銀行系的信用卡付賬的人自然就減少了。下一個階段便是質的問題。他們朝著將優良顧客固定化的目標前進，以其工作效率、使用率來決定勝負。

一般生活者所持有的卡，在經過長時間後只會保留三種：①全國通用型會員卡；②地方型會員卡；③住家附近通用型會員卡。而伊勢丹的基本方針是，以確立地方型會員卡的優越地位爲其目標。全國通用型會員卡對生活者而言，因其便利性高而保留的可能性極大，所以沒有必要和財勢盛大的銀行系會員卡來競爭，伊勢丹打算朝合作的各地方百貨店方向前進，建立一個共同運作的組織「ADO」小組，從札幌、丸井、今井到鹿兒島山形屋，和各地域最好的店(三三社、五五店鋪)相互利用彼此的商品、KNOW-HOW、服務。

另外爲了替會員圖得便利，還設置會員卡專用的 POS 以及採行免簽名、免發票的制度。

不論伊勢丹在女裝上有多強勢，一旦和食品賣場大量的購買頻率比較起來，簡直是小巫見大巫。換言之，即使是在百貨店，食品賣場仍然是壓倒性的「低消費額高頻率型」。因此他們撤除了煩雜的找零管理、使用會員卡等待作傳票的時間以及麻煩的簽名。爲使顧客在購買低消費額商品是亦能使用便利的卡，他們認爲導入「免簽名」、「免傳票」的方法是最佳對應之策。接著，他們開始企劃評估 I 卡的利用，以及檢討以一張 I 卡到處都可以使用的可能性。

由於會員卡的使用，使得一次的購買金額以壓倒性的高額爲多，這個現象在丸井的例子也曾有過。而伊勢丹的情形，則是由數據中顯示出因相關商品的暢銷，致使每位顧客一日的購買金額增加了。

另外，公司企業發行自家會員卡的好處，在於透過卡的發行過程，最少也可和顧客做三次以上的接觸，那就是「建議加入會員時」、「在櫃檯商談授信時」、「收領會員卡時」。藉著複數次和顧客接觸的機會，會使得呆賬的風險降低。

而今後的方針，則是目前尚未考慮到的泛用化。時代性、高形象將被賦予爲「I 卡」所代表的理念，他們開始傾力於開拓配合著伊勢丹顧客層的加盟店(現在餐廳有 300 家、旅館有 100 家)。

更進一步地，他們將會員卡戰略，視爲朝金融事業的突破關口，企圖朝廣大的綜合生活產業前進。在百貨店的營業形態上，會員卡幾乎是爲了獲取戰略情報的一個手段，其運作機能是爲了促進 5%的現金、95%的購物。將來在分公司「伊勢丹財務公司」之事業上，會將 CASHING 的機能提高，成爲一半一半，這也是必然的現象。

⑶ **「I 卡」的特色**

①即時發行

・連線即時系統(ONLINE REALTIME SYSTEM)

・信用審核中心的即時檢核

和丸井一貫的即時授信相比之下，伊勢丹所採行的是在發卡前進行基本授信工作。意即打從一開始，I 卡便不僅具有 ID 的辨識功能、也擁有信用卡的身份。

② POS 的限額 ONLINE CHECK

・和外部情報中心的非公開照會。

・透過電話簿 C/D ROM 的住址確認。

・設定授信限制額度(5 萬日元～50 萬日元)。

③多樣化的選擇

・月次結算

・紅利結算

・資金週轉

・分期付款

・現金調度

④會員構成：見圖 3-10。

以年齡別看來幾乎平均含蓋了每一個年齡層，性別上則以女性爲壓倒性的多數支持者。18～19 歲的學生需要雙親的許可方可入會。年會費現在是 2 年 100 日元，但即將採行年會費 2000 日元的付費辦法。

圖 3-10　會員構成

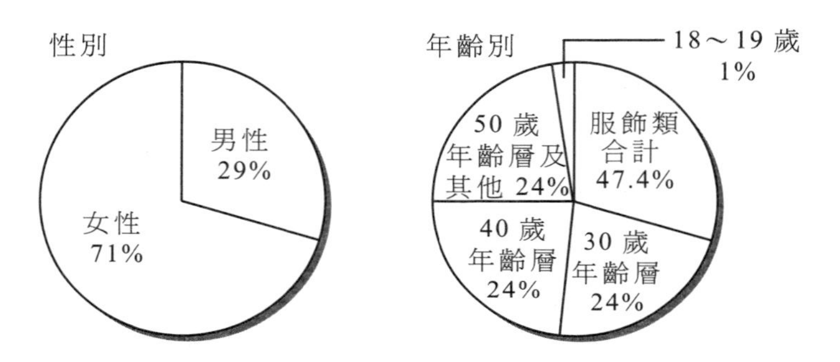

⑤除了食品和低毛利商品(如拍賣品)以外，當購買金額達 3000 日元以上時，除了 5%會員折扣優待，還有許多附加優待活動。

⑷**「I 卡」的效果**

①會員卡張數

1990 年 3 月：80 萬帳戶、100 萬張。

1991 年 10 月：160 萬張

1992 年底：預定 180 萬張。

②會員卡佔銷售比率

1987 年：4.2%

1988 年：7.5%(會員卡取得活動開始)

1989 年：21.0%

1990 年：27.9%

1991 年：30%

1992 年：預計 35%以上

在「I 卡」引用以前，使用別家會員卡的顧客，都改用「I 卡」，以「I 卡」購物的比率急速地上升。不過，有關 5%對象外的商品(食品、拍賣品)，利用有附加重點服務的銀行系、信販系等的會員卡情形，則明顯沒有改變。很容易可以發現，生活者容易被那一類的優惠給吸引了。

5%的會員優待折扣，可以是每一家百貨店都有的一項服務。但是，因這 5%所引起的收益損失，也漸成爲百貨店的共通課題之一。對於這點，伊勢丹也做了明快的反應。也就是說「I 卡」的導入所帶來的正面影響，遠遠超過這 5%折扣所引發的利益縮減。

DM 回應的增加、附加效果的增加；有效地削減宣傳費用；提高顧客的來店次數；購買金額的增加等等，以上都爲其正面的影響。

伊勢丹隨時都有 50 名從業員在進行顧客訪談、傾聽顧客意見的工作(3000 個樣本)，從其中他們可以分析並且確實掌握 5%折扣優惠、I 卡的正面效益如何等。

百貨店業者被禁止採用折扣之外的任何金錢服務(如配合顧客購買的點數，贈送商品票劵爲禮物等)，這是爲了保護中小零售業的利潤不被侵害。在目前的狀況下，對百貨業者而言這 5%的折扣優待，確實是初期獲得會員的好手段。通常這的確是百貨業經營上的一項重擔，但是，伊勢丹藉著其顧客情報管理的卓越機能，不但確實地擴增其會員數量，也隨著顧客的特定化、固定化，促成其營業利潤的提升。

伊勢丹在這制度上所花的經費，會發現 5%的折扣優待，可算是很有效益性的投資。反過來說，在一個馬馬虎虎的顧客情報管理制度下，隨便地使用折扣優惠，無疑是替自己的公司挖掘墳墓。此外，當考量到成交額愈高，會引起更多損失的折扣特性時，爲了做到有正面效益的差異化，應該在達到一定的會員數後，以新的戰略來取代原來的折扣優惠比較好。

十一、丸井百貨案例

1. 公司概況

業態：百貨店。

創立：1931 年。

店鋪數：售貨 33 家店、服務中心 24 家。

資金：353 億 3700 萬日元。

賣場面積：36 萬 688 平方公尺。

平均賣場面積：1 萬平方公尺。

會員卡發行張數：約 1169 萬張(使用率約 30%)(1991 年，M・ONE 卡發行量爲 70 萬張)。

CD 台數：416 台(全年不休，由 7 時 30 分～21 時)。

從業員數：9558 人。

營業額：5658 億日元(增加率 4.1%)。

每一平方公尺營業額：160 萬日元。

每一從業員營業額：5100 萬日元。

經常利益：628 億日元(增加率 10.6%)。

純利益：323 億日元(24.4%的增加率)。

顧客性別的構成比：男性(36.4%)、女性(63.6%)。

顧客年齡層構成比：72%由 29 歲以下的人口所佔。

付款形態：信用(35%)、一次付款(22%)、現金(43%)(並不具連續消費性)。

售貨 VS 金融/服務的比率：

	售貨成交額	服務事業成交額
1985 年	3229 億日元(62%)	1975 億日元(38%)
1989 年	5000 億日元(54%)	4246 億日元(46%)
1990 年	5233 億日元(55%)	4365 億日元(45%)

(其中利息、手續費收入：425 億日元)

(實質年利 27%、融資額度 1～20 萬日元/月)

1991 年 7 月年中結算 2556 億日元(49%)2703 億日元(51%)

他們展開被視爲安全、高利益率的金融事業、服務事業，而其在零售業界的排名順位，也從 1968 年的第 20 名，竄升到了 1990 年的第 10 名。

子公司及其相關企業：

①丸井

②M・ONE 卡(子公司)：發行會員卡、提供授信、回收、商品服務。

③MOVING(子公司)：運送關係。

④AIMCREATE(子公司)：廣告、不動產、室內設計。

⑤M&C 組織(子公司)：資訊服務、申請開發、制度方針指導。

⑥丸井 01-NET(子公司)：旅行代理店、票務服務。

在 1991 年丸井開始「票務」的業務，將丸井原有的票務服務更加搖大，以「TICKET PIA」做全面的服務，在丸井的服務視窗可以預約、購票等。

⑦CSC 服務(子公司)

⑧VERGIN MEGASTORES JAPAN(相關企業)

⑨戶塚商業大樓管理(相關企業)

2.顧客情報系統概要

在日本零售業界中，丸井是「顧客情報管理制度」最健全的一家企業，這是誰都承認的事實。在顧客親密、個別應對上特別用心的丸井制度，是以其支援工具的「商品顧客別單品管理」爲基礎的。尤其是：DM 圍攻機能、目的別顧客選定機能、和信用卡相關的授信、回收機能等等的機能，都是從本業既有的強實力中洗煉出來的精華，其 KNOW-HOW 所帶來的是 DM 高反應率的結果，同時也成爲其他企業進行制度化時的一個指標。

丸井顧客情報系統的特徵，在於其將透過 POS 和會員卡收集得來的「顧客情報」和「商品情報」，做最詳細的分析。藉著詳細的分析，可以做出數十種不同的輸出資訊，從各個角度來個別掌握顧客的購買動向。此外藉著地圖系統的活用，可以進一步掌握在何處增加了什麼客層的人，或是減少了那一客層的人等，以及在總家庭數中，顧客所佔的百分比是多少等，可以明白掌握地理性的情報。

所謂 POS，就是連工讀生或兼職人員都能簡單操作的專用收銀機，在收集商品情報的同時，還能有效地加速處理結賬業務。從 POS 收銀機列出的顧客收執聯上，爲了方便使顧客能直接一目了然，其累積計算數字會一項一項地列印在數據上。

像這一類的顧客服務，以及使系統易於使用的 KNOW-HOW，丸井將其軟體包裝商品化成爲「L・PACK」，靠其子公司「M&C」，從沖繩到北海道爲推銷對象，廣泛地展開銷售活動。

如何才能產生高回收率：

丸井的高回收率也是衆所週知的事。有關丸井回收的思考方式和運用法，這是在經歷了好幾次的嘗試和失敗之後，從五十多年的信用銷售經驗中提煉出來的，應該具有高信賴度和高嚴密度的「技巧」。個別對應作戰，和顧客多做接觸會減少風險。

①完全地 CHECK 付款實績。

在授信的同時，也能有效掌握住下一個銷售機會。

②將授信結果立刻應用在促銷上。

・優良客：「今日也請以信用卡付賬吧！」

・消極客：一併考慮「如何才能促使其購物」(咨商)。

・盲目的客人：請再多考慮一下是否要購買。

③採用站在顧客立場的「本利均等支付方式」

・對顧客而言毫不勉強、有計劃地付款。

・對顧客而言，每個月都有明確的支付額和支付日截止期。

・有關支付日、支付方法則完全由顧客決定。

④徹底執行信用哲學

・提供更多的便利，並不會帶給顧客任何不幸。

・採用「小量化、多數化」，「大量化、少數化」會帶來停滯的危險。

⑤回收體制的整備

- 支付日→支付請求表（由電腦自動作成）→請求電話（女性→男性→ACS→從顧客信用卡請求支付）。
- 按小組別、班別來實踐管理目標（回收部門）。沒有回收就沒有銷售。

丸井的金融、服務商品：

接著，活用已構築的顧客情報資料庫，展開關係行銷。交易的商品不僅限於物的銷售，廣泛的連服務、金融商品也都包括。其特徵便是全部和貸款有關，這些關係行銷可以增強本業的實力。在 91 年 7 月的年中決算時，服務和金融商品的成交額已經遠超越了物售。

丸井的金融、服務商品有：

- 損害保險的代理業以及人壽保險的招募業。
- 不動產仲介業。
- 傢俱裝飾以及室內設備的承攬。
- 支付貸款和貸款媒介業務以及保證。
- 分期付款銷售業、分期付款銷售推銷業、儲金代辦業等。

特別是現金以及目的別貸款營業額的成長，非常迅速，其中如潛水執照、改善計劃、小型船駕駛執照、英語會話等，都是最近的主流商品。尤其是小型船隻駕駛執照和潛水執照，和前年相較營業額增加達 8 倍之多。

3. 丸井卡的基本特徵

丸井從發行會員卡中，得到的利益點列舉如下。在此將會員卡顧客當作主要顧客來看待。

⑴因授信的手續費而使收益增加。

⑵會員卡使用的便利性，給顧客、企業雙方都帶來高附加價值。

⑶促進支援顧客的固定化。

⑷銷售機會的增加。

在考量顧客的心理之下，促進卡的使用：

①可能購入複數商品，也就是購買量增加了。

②容易大量採購同一商品，因為單一購買使得單價變高。

③將結賬處設在最高層樓，促使其多繞走幾圈而且開始想要眼前所見到的商品。

④沒有錢也能買想要買的東西。

上述行動模式的出現也是很自然的現象。由於使用會員卡使得一次的消費額度增高，這個現象在超市業界也會發生(如圖3-11)，因此我們能夠理解，為什麼會員卡持有者的錢包總是比現金客要來得鬆了。

圖 3-11　會員卡利用客與現金客

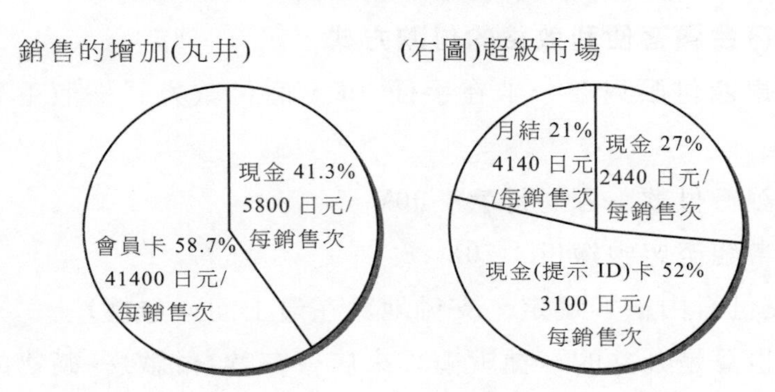

身爲顧客情報管理中先鋒部隊的丸井會員卡戰略，原本和其推銷重點「和現金一樣便利的信用卡」一般，不論對任一位客人都提供其便利的信用卡，藉以擴充會員人數，對營業利益的增加有所貢獻。

而將作爲工具的信用卡，視爲 HOUSE CARD 代名詞的丸井，向來在信用卡的考量上有其獨特的看法。在新「M・ONE 卡」的發行中，當然爲了順應潮流，在某些地方不得不改變，但是基本的想法卻不會變。下面列舉的是信用卡慣有的一些特色：

⑴收集瑣碎情報的手段

爲個人信用卡(一個顧客對一個帳戶)，而非家族信用卡。像伊勢丹便採取了家庭管理的制度。

⑵當時授信可能的工具

採用以「信用卡」「POS」爲前提的全店網路，都連接在統一資料庫上的即時連線系統。因此，在全店中 CHECK 流通商品是很容易的事。而新「M・ONE 卡」爲提供型泛用卡，其機能的活用恐怕比較難。

⑶符合顧客便利效益的付款方式

買東西付賬只要一卡在手便 OK，而付款方式採取下列兩種：

①銀行付款＋郵局付款：30%

②帶錢至店中繳付：70%

(支付日由顧客選定，支付地點在最上面一層樓)

這也算是丸井的一種戰術：來店→存款(付款)→購物的循環方式。

⑷ **店頭即時發行的卡**

在簡單的授信制度下任何人都可以，是他們向來不變的原則。能從 ID 卡轉變到信用卡，全是顧客的功勞，他們認為「借出去的東西一定會好好回來」，並以此為信用度的指針。換成新卡之後，只要花 20 分鐘便能拿到一張泛用信用卡了。

⑸ **永無限期的卡**

信用卡「無限期」制度，可以省下大筆的花費(郵寄費、塑膠材料費、製成費等等)，對顧客而言，無疑也是從煩人的會員續辦入會手續中得到解脫。這是因為即使不當場連授信都可能做到，此點也就沒啥難辦了。

通常信用卡的期限是兩年，但相對於此的 SEZON 其期限設定則長達六年。在國外，若以風險管理的觀點來看，不設期限的信用卡，的確是很怪異的一個現象，但在 SEZON 的狀況，則正是意識到這種全球性的看法，才會採取這種長期限的設定方法。而伊勢丹則以二年一付的 100 日元來作為卡片遺失、損毀時的保險金，後來因人事費支出增加，以及提供優良顧客更高水準的服務品質為藉口，在 1992 年採行了年會費制(2000 日元)。

4. **「M· ONE 卡」**

丸井的情報制度很有其獨特風格，是其他企業的模範指標。而帶來今天這種局面的大功臣，是丸井的「自社卡」。雖然如此風光，但拿著信用卡卻以現金付賬的顧客人數愈來愈多，使得業者有必要再開發出一個會吸引顧客來使用卡的方法才行。

向來以純粹爲自社型信用卡的丸井信用卡，只能在關東各地的丸井系商店方可使用。而一向以高精密度的顧客情報分析自豪的丸井，在其行銷戰略上，非常重視如何避免顧客情報收集貯存不充分情形的發生。

在這樣一個環境之下，背負了眾人「一張會被使用的信用卡」的期望而出場的便是「M・ONE 卡」了。他們在同時也推出獨自的商品來，並開拓新事業，擴大了目標顧客層的範圍，趁著 1991 年創業紀念 60 週年的到來，將那年的經營方針主題置於「新創業」上的丸井，將創業時的宗旨「客人至上」主義再做一次確認和強調。

那時候的丸井，也開始考慮是否要從 1170 萬人的會員中，挑出使用率高的 200 萬人～300 萬人來，並建立一套優惠制度（三年計劃）。在信用卡的數量以及目標顧客上，已由量的需求轉變成爲質的需求，並且也爲了提升使用率而努力。

零售業的優點，在於其「持有營業據點」以及「持有和顧客直接接觸點」上。從這兩點便可以策動和顧客的對話了，藉著和顧客談話聊天，可以收集到抱怨和不滿的聲音，如此一來便可以連到服務品質的提升。若再從其他角度看來，由於和顧客頻繁的接觸，使授信變得容易，且在迴避風險上也有其貢獻。

隨著「M・ONE 卡」新會員卡公司的成立，大家對會員卡的認識也強化了。也就是說，向來會員卡只是被視爲達成強化營業活動的一種手段罷了，但從現在起出現了一種會員卡本來就是商品的看法。而此說法可以說完全是以「零售業」爲中心的看法，可以從流通系會員卡中常見到的排除免會員費、而採用付費型會員卡(PROPER 卡 700 日元、VISA/JC 攜帶型卡 1000 日元)的現象中窺知其原因。但是，丸井所採取的態度是，徵收來的會費要回應在顧客身上充分反映出來。

新「M‧ONE 卡」的演變沿革中，有兩個重要的變更點，說明如下：

⑴在遊樂場所、飲食店、專賣店等也可以使用 M‧ONE 卡，以所謂 T&E 系泛用卡的身分，不但附加了許多優惠待遇，也強化了其功能。

⑵在全日本 2000 家會員卡公司的 CD(現金支付機)，也可以接受提款的服務。

爲了實現上述二點，丸井和 DC、JCB 相互合作，加進的 VISA、JCB BRAND 的國際卡也躋身其列。但是，在紅卡時代中所累積的授信、回收技術，在「M‧ONE 卡」上也能運用自如，不論是獨立會員卡還是合作會員卡，有關雙方的債權回收問題，向來由丸井(分公司的 M‧ONE 卡：從業員數 1400 名)來擔負這個任務，而對購物客發行會員卡的過程，也和紅卡的執行過程一樣。

主力會員卡到今天仍然是自社的「M‧ONE 卡」，極力推崇保護自社卡的丸井，從來沒有改變過這個基本姿態，而其和 VISA、JCB 合作的泛用化，只不過是當作一種商品罷了。換言之，他們採用 VISA、JCB 兩種國際泛用卡，只是爲了補足某些顧客之泛用性需求而已。

和 DC、JCB 的合作，被稱爲「加盟店開放方式」，透過這種方式，不但可以掌握自社會員在丸井店內的購買情報加以活用，在其他加盟店的顧客購買情報以及服務利用情報等，也可以加以收集活用。換言之，藉著掌握自店之外的顧客商品購買動向，使丸井的顧客資料庫更具有戰略性武器地位了。

由於在原先紅卡所擁的 ID 機能之外，「M・ONE 卡」藉著在加盟店也能使用事先授信機能的高利益性，有了煥然一新的形象，是一張將顧客本意取向的會員卡事實強化了的卡片，丸井提供了 20 分鐘即能領卡的服務。

丸井爲了要強調其自社卡的特性，除了慣有的會員優惠(店內活動時的 DM 發送，可以較一般顧客提早享受折扣優待)以外，還有下列四項優待，預期將會使營業額增加。

①贈品：視其利用額率贈送相對的禮品。爲了打出地球環境保護的色彩，也發起向 WWF(世界野生動物基金會)絕種生物保護會的捐款活動。

②購物保障：在購買後 180 天內若有任何損毀，都可以補換的制度。而且不僅只有丸井、連在 VISA、JCB 的所有加盟店購得的商品，也都被列入在服務的對象中。

③在娛樂項目中實施各種優惠服務。只要在合作的店鋪內，提示出 M・ONE 卡，便可以利用卡來結賬，也可以受到折扣或禮品等服務。

④他們在飲食業和電影院的娛樂業中，開拓獨自加盟店，並提供會員服務和泛用性。這樣便達到了營業店互補的機能，特別是在地方上這種意義就更強了。

丸井的差異化方針爲捨折扣而重視優良的服務。丸井所提供的商品價格都非常的合理，就算爲了吸引顧客他們也不會改變其基本姿態。折扣若從企業的角度來看算是一種服務，但在顧客的眼中則只有第一次才是服務，漸漸地他們都視折扣爲理所當然的事了。

他們提供在其他加盟店所沒有的東西，丸井以此爲對會員顧客的基本服務。

例如：

・招呼、款待客人態度的精緻化。

・強化以各營業點爲據點的服務。

・提供較以往更廣範圍的服務。

・將一向委託他社辦理之電話服務，改以自社的電話服務中心來應對顧客需求。

・評估日後 24 小時營業的可行性。等等。

丸井向來很重視在授信時，具有直接和顧客接觸的有利點的活用，以及在溝通過程中瞭解顧客的感受。此外，加盟店使用的泛用卡，將其限額設定於較他社爲低的 80 萬日元(這樣才會出現少量化、多數化的現象)，但在丸井店中，由於一開始只具有 ID 卡機能的緣故，並沒有設定限額。

呈現會員卡公司之姿的丸井，在其他企業的目標爲：

a.由於現金付賬比率超過 40%，有回到傳統零售業形態的現象，以及事業規模的巨大化，丸井集團決定了朝各個專業化去發展的方針。也就是，零售業「丸井」將專注於物售事業上，到目前爲止一直執行會員卡業務的分公司「M&C」則致力於制度的統合工作。還有新分社「M・ONE 卡」，則負責預測未來 21 世紀「CASHLESS 化」的社會情勢，在會員卡專門領域上有必要做更深入的研究，因此他們最後決定使其獨立出來，自成一家企業。

b.在獨自加盟店的開拓上，風險管理在業界佔了很重的份量，爲了在丸井既成的舊有技術上，進一步達成提升授信以及風險管理的技巧，他們打算採用一批具有專業知識的人才，來處理這些事務。

c.在此時可能朝銀行 CD、ATM 等多業態發展之際，必須先建立一套能充分應戰的體制。附帶一提的是，新會員卡系採取 JIS Ⅱ STRIPE 的造型，而且也加入了 CAT 的對應考量。這樣才算是完成了能對外駕馭的網路體制。

在新「M・ONE 卡」未定案前的課題，列舉如下：

・如何才能擺掉紅卡的陰影。

・如何才能順利地在店頭上發行。

・今後的課題是在海外加盟店使用以及實務上如何處理？

標榜著「零售業本來的目的，便是儘量招攬顧客，而在會員卡上收集來的數據資料庫，是專屬於丸井支持者的東西」的「M・ONE 卡」，在今後的事業發展上，將以積蓄的資料庫爲武器，在通訊銷售事業以及電話行銷戰略上，抱持著無限的期望。

「M・ONE 卡」從 1991 年 9 月開始到今天，發行量已達 70 萬張。

十二、OKULA 大飯店案例

創立：1958 年 12 月。

資金：30 億日元。

從業員：1543 名(此爲 1990 年 3 月，以下同)。

營業額：409 億日元。

利潤：28 億日元。

住宿收入：18%。

飲食收入：45%。

其他收入：37%。

房間數：910 間。

情報系統化：1973 年建立櫃檯服務線上系統。

1978 年建立顧客情報線上系統。1984 年建立宴會系統。

1.「顧客情報系統」的背景

OKULA 大飯店的顧客情報管理，是由「POINT OF SERVICE」(非推銷)的觀點開始的。而此系統則不斷朝著既定的目標(顧客)、宗旨(服務)前進下去。

而 OKULA 當初也談不上有什麼成立的優越條件，對 OKULA 的戰略也沒有什麼好處可圖，倒不如說是其成立時的宗旨爲其成功的關鍵。換言之，一般利用方便性、便利性而展開的行銷，離 OKULA 的出發點有著好大一段的差距。其基本目標爲：顧客上門是爲了要享受 OKULA 的服務才來的，也就是他們希望顧客是衝著 OKULA 飯店本身而來的，而「POINT OF SERVICE」的構想也是由此而起的。

OKULA 爲了能吸引外國顧客，加盟了紐約「LHW(THE LEADING HOTEL OF THE WORLD)」的組織。另外又爲了能吸引高所得者層，他們企劃、開發、提供能滿足其需求、希望的精美商品。例：

他們將世界各國著名的高級大飯店以及餐廳的巡禮，加以雜誌化當成商品銷售。

圖 3-12 飯店數和客房數

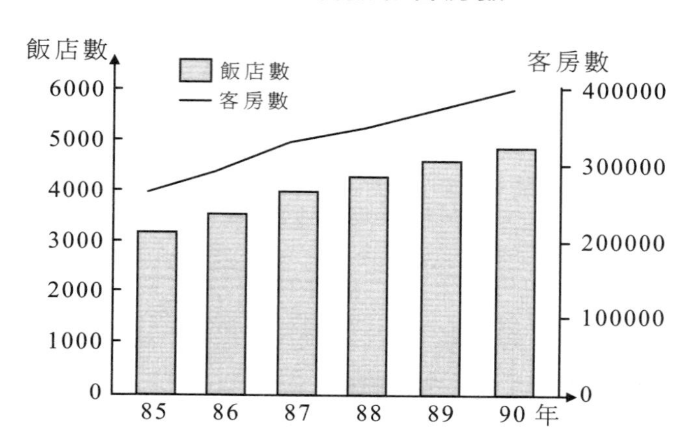

這樣一來，顧客一旦被吸引之後，他們便開始促進其重覆光臨，進而加以固定化，對營業收入的增加有極大幫助。為了達成以上的目的，除了提供舒適的客房以外，他們在商品提供、服務、吧台、餐廳、游泳池等設施以及大飯店整體形象上，都添加了其他飯店所沒有的附加價值(差異化)，還有在配合目標顧客層舒適空間的開發與提升上，也得不遺餘力，不斷地努力下去。

在日本，大飯店的住宿收益，遠不及飲食收益來得高，尤其是收益性頗高的結婚喜宴，最近流行將這一類的宴會場合，當作戲劇節目一樣地策劃，並且針對這些人生大事型的節目和顧客進行接觸。但是從今以後，大飯店所賣的不只是豪華氣派的環境和氣氛，生活(遊)者若從其服務商品中，找不出任何意義的話，他們就會朝外走了。今後，如何將「使用理由」、「購買理由」賦予到消費者上，是新的課題。

此外，他們不但要掌握住各個日本客人的需求和品味，還得仔細地摸透外國客人的需求和品味。而旅館業本來就是頭一個被要求必需國際化的業種，這自不用待言，在這樣的一個環境下，才會出現近年來的國際化傾向。充分地掌握外國客人的品味，這和掌握日本客人必然是一樣重要。

換言之，若想要能夠確實地掌握住目標顧客的需求、口味，提供毫無瑕疵的最高品質服務，就必須建立一套「POINT OF SERVICE」的制度。另外，顧客情報並非屬於從業員個人的東西，而是企業整體的珍貴資產，如果還沒有忘記這點的話，爲了做到企業全體都能共同使用這些重要的顧客情報，將情報組織化、集中管理的工作是不可欠缺的。

2. **接客戰略**

OKULA 的戰略理念爲：透過「設備」、「料理」、「服務」等「質」的差異化，達到業界中聲望的最高峰。

在未考量清楚前，便任意地大型化、連鎖化、多機能化的話，只會替飯店塑造出沒個性的形象。OKULA 爲了貫徹其經營理念，不使陷於沒個性化，他們積極地構築情報系統，以作爲接待客人時的支援工具。雖然其投資額約佔營業額的 10%左右，但在飯店業來講算是相當高額的一筆投資了。

另一方面，爲了維持其精緻的服務品質於一定水準，他們一直遵守客房數不超過 1000 間(900 間爲最高限額)的原則。而會員方面，其目標顧客也保持恒常數目，不會再擴增。

爲了維持一個剛剛好的顧客人數，他們隨時更新資料庫的數據，舊的情報(已無光臨的客人資料)每兩年半做一次撤銷工作。OKULA 認爲恰當的顧客數和交易數，各爲 3 萬人和 2 萬件。

OKULA 還有一種支援顧客服務的工具，他們設定了「合作信用卡」、「信用卡」、「會員卡」三種各自擁有 10%折扣優惠的卡種。而持有這些卡種的會員顧客，也就是所謂顧客情報管理系統的對象層。如圖 3-13。

圖 3-13　顧客層級表

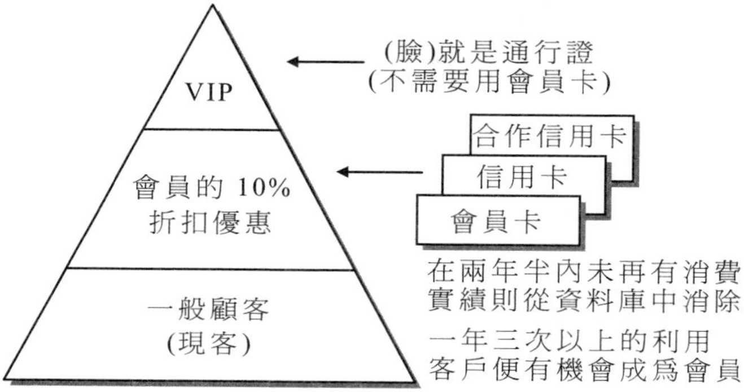

VIP
會員的 10%
折扣優惠
一般顧客
(現客)
(臉)就是通行證
(不需要用會員卡)
合作信用卡
信用卡
會員卡
在兩年半內未再有消費
實績則從資料庫中消除
一年三次以上的利用
客戶便有機會成爲會員

但是，向顧客主動提示推薦會員卡，並非 OKULA 的本意。因爲會員卡推薦完全是企業面的理論，對企業而言，這只不過是一種方便其顧客情報管理工作罷了。換個角度來看，這種行爲對顧客而言是不勝其煩，可說是助長了企業無禮管理的一種社會現象。

雖然如此，在面對數量龐大的顧客時，爲了使每一個從業員都能發揮最佳的服務品質，會員卡提示(系統所使用)，在目前是最不會增加顧客負擔的一種方法，而這句話可從近年的會員卡潮的事實中得到驗證。當企業具有一定規模以上的顧客人數時，爲了達成「給顧客最好的服務」的目的，不得不採行會員卡的提示邀請法了。

在 OKULA 由於不可能以全體顧客爲對象，對於那些對 OKULA 特別支持的 VIP(數百名重要顧客），則不需要隨身攜帶會員卡，只要以「臉」做通行證就好了。在此即使他沒有帶會員卡，只要一看到 VIP 或是一聽到其聲音，服務人員便立刻和其打招呼並叫出其大名來，並提供其偏好的房間、化妝品、毛巾數量等，將 VIP 侍候得極爲舒適。

3. OKULA「顧客情報系統」的特徵

就飯店而言，他們這套系統的核心爲「櫃檯作業系統」和「顧客情報管理系統」兩項。前者被賦予預約、CHECK IN、訊息、CHECK OUT 等機能，而後者則具有有效地利用顧客情報、支援和顧客高頻率接觸的實踐工作。而此兩項主要系統和其他輔助系統相互接線配合，才能使整套系統產生效果。

大飯店制度的特徵，可歸納爲下列二點：

(1)絕對年中無休、24 小時營業。

(2)任何一位接待客人的要員，在任何工作場所都能勝任其他工作。

舉例而言，在陳列展示的說明上，以簡潔的文字來表示，即使是電話接待小姐或是女工都能使用。因爲他們明白，如果這一套系統只有專門人才才會使用的話，是無法期待此系統對高頻率接觸顧客上有任何幫助了。在建立一套「任何時間」、「任何地點」、「任何人」都會操作的系統的同時，以各種不同的角度來檢索一個情報的機能，也是重視服務的飯店系統中不可欠缺的重點。

進而在動力行銷的處理上，希望在「顧客情報管理系統」中，除了既有的鞭策力以外，還能夠有適時提供必要情報的設計。因此，OKULA 的「請求支援系統」才會被廢棄不用。此外，對於需要保密的情報，則以在任何地方都可成立的報告發訊機爲應對之策。

飯店業可說是典型的接待客人服務業，因此也是非常強烈仰賴人手的一種事業。若是被稱爲高級大飯店的企業，人事費所佔的比例約 30%，算是支出經費最龐大的一個項目，若想要在不降低顧客滿意度的前提下，考慮削減人事經費的話，當然就必須有電腦的支援了。

但是，顧客在機械式的處理下，自然不會有什麼好感動的地方，企業還是得予人一種精緻「人性化」的服務印象比較好。而如何使顧客在接受電腦機器服務時，不會察覺到異於人情溫暖機器的存在，並且又有效率的提供服務，就成了關鍵所在了。

解決的方法便是動腦筋，想出不使從事第一線工作的機器被人瞧見的裝置，並且不使人感受到冷冰冰的感覺。在不會被看見而又能有效利用空間的考量下，體積太過龐大的機器，在地價昂貴的地方恐怕是不太受歡迎的。特別是在接待客人時，即以飯店系統的結構爲商品的時候，所用終端機是否爲輕巧聰慧型的，就成了選定機器時的重要考量基準了。

甚至，藉著各房間的電話和中央系統的連線，當顧客打電話時，受話的一方(即飯店內職員)可以立刻稱呼其姓名。

在 OKULA 除了「櫃檯作業系統」和「顧客情報系統」之外，，尚有 CCTV、CARD KEY、電話轉接機、宴會情報系統、POS 系統以及信用卡專用的 CAT 終端機等等營業支援工具，藉著這些工具的活用，經常能保持業界中受世界所注目的 NO.1 地位。

OKULA 集團，其中 HOTEL OKULA 神戶(客房數 489 間，擁有神戶最大宴會場、健康俱樂部、商業沙龍，此外還有餐廳、吧台的設置，中央區、美國公園)，和東京總公司設有線上及時網路系統，不但共有一套資料庫，在系統營運上，東京的情報部門，也和神戶的系統營運管理部門互相配合，建立一套共同的體制。因此，他們才能有效地抑制集團內系統人員的增加，而更有效率地活用從業員的調度，使其活絡化。

4. 組織內教育

對於新進職員的教育內容，他們重視以下兩點：

①如何才能提升從業員的敬業精神。

②如何才能提升從業員的成本意識。

在①中他們讓新進職員知道一些使顧客愉快開心的事例，如何才能使顧客開心滿意呢？給了要領之後該怎麼去實踐，那就各憑本事了。(例如：像生日這種經常不變的日子裏，也許可以藉此發揮些什麼等等。)

在②中，為了使他們意識到成本，他們讓新進人員充分認識到，情報系統的維持費用，平均每個顧客每日的最低額是日幣 54 元，而顧客每日有數萬人之多。

他們的教育採用個別教導，全力輔導的體制，為了穩定日常中活絡的服務氣氛，他們不斷利用機會進行常識教育。

對以服務顧客爲宗旨的飯店而言，所謂「最好的服務」，首要便是和顧客接觸的服務員，需爲健康有活力。

此外，服務評鑑的要點尙有：

・一定是毫不紊亂、統一化的服務。

・服務是相對的東西，並非絕對由一方承受。

再來，必須知道 POS 系統中的 S 並非 SALES，而是 SERVICE 的 S。「顧客情報制度」的目的並非情報收集，而是情報的活用，完全是站在顧客的立場，以爲顧客著想爲宗旨的制度。關於「顧客情報管理系統」建立後的效果，其中最大的一項便是透過此系統的利用，OKULA 的服務技術由多樣化轉向了 PR。OKULA 的信條是只要看得到的顧客，都受到我們的重視。此外，我們也可窺見其在幕後，將看不見的生活者(顧客)亦是一樣地小心伺候著。

心得欄 ------------------------------------

第 4 章

數據庫的實施步驟

數據庫行銷最主要的競爭優勢就在於，有利於培養長期客戶和實現精確銷售。

資料庫的實施步驟是由：數據庫結構的設計、數據庫的收集數據資料、數據庫的建立、行銷數據的分析、行銷數據的更新、行銷數據庫的維護、選擇最佳的行銷方式、針對行銷結果進行評估等來決定數據庫的功能。

一、數據庫結構的設計

開始正式設計數據庫的第一步就是決定數據結構。做好這一步工作是至關重要的，因爲行銷數據庫中數據的使用價值在很大程度上是由數據結構決定的。

在數據結構開始設計之前，首先必須明確即將建立的數據庫在以後的行銷活動中，應起到的作用是什麼，簡單地說，就是期望數據庫爲你做什麼，也就是要明確建立數據庫的目的。這就要求瞭解公司的業務需要，以及要通過數據庫這種特定方式去實現這些業務需要運作所需的條件。

這裏講的業務需要，主要是指成功開展行銷活動的各種要求，運作條件則指將這些行銷活動的需要轉變成數據庫的特定結構所要進行的中間工作，比如對業務流程進行必要的重組，對每一份即將納入數據庫處理過程的企業的詳細說明，對行銷部門如何使用數據庫的說明，對數據庫如何完成業務需要分析中的操作的說明(如反應率分析、挑選促銷者姓名、檔案分析等)。

設計行銷數據庫結構時，應考慮的最重要的事情之一就是，明確設定數據庫必須能夠回答的各種問題。行銷人員將業務需要限定得越具體，就越容易在技術上加以實現。實際上，在這一過程中，行銷人員所提出的問題是：我想要知道的是什麼，要求以什麼速度得到答案；而技術人員要說的是：在給定的條件下，我能不能回答這一問題，如果能回答的話，能否迅速回答這一問題。行銷人員和專業技術人員通常坐在一起，提出一些具有代表性的問題，共同決定那些數據必須納入數據庫，那些數據可以忽略，從而有效地協作設計數據庫的結構。

數據庫行銷最主要的競爭優勢就在於，有利於培養長期客戶和實現精確銷售。利用前面的一些查詢結果，行銷人員固然可以利用客戶數據庫，以不同的方法挑選特定的促銷對象，做到有的放矢。但在某些情況下，如果數據庫能提供一些更高級的分類功能，比如說不僅能查詢到客戶的生日，而且可以篩選出距離客戶生日在某一特定時限(比如 30 天)的客戶姓名,就會使促銷活動更有針對性，進行這種分類也更有實際應用價值。類似地，客戶購買某一產品服務可能會爲另一種相關產品的促銷提供機會。這就是根據特定標準或行銷事件對現有客戶進行分類的現實意義。

應該說，數據庫最關鍵的功能就在於跟蹤行銷活動的結果，並能夠進行統計分析，數據庫應能提供諸如促銷活動的分析報告之類的信息，比如獲得回饋者的簡略資料、計算郵寄促銷或是電話促銷的次數、回饋次數等。

在傳統行銷方式下的直銷人員早已經意識到，只有獲得更多的客戶信息，才能使行銷活動更富有成效。在數據庫行銷中，行銷人員要獲取盡可能性多的客戶信息，必須更清楚地瞭解客戶與公司之間的全部關係，這要從瞭解公司的業務需要和數據庫結構設計開始。行銷數據庫是將各種來源的行銷信息系統彙編成一個關於客戶和行銷方案的綜合數據庫，在進行數據庫結構的設計時，對於行銷數據庫的任何欄位都應該具有高級篩選和分析功能，以服務於行銷人員的要求，最大限度地發揮它的使用價值。

1. **設計數據庫結構的原則**

設計數據庫結構時，下列基本原則是不容忽視的：

⑴**任務目標原則**

行銷數據庫的任何欄位的存在都應服務於一定的目標，否則沒有設置的必要。任務目標原則就是保證數據管理結構化、最大限度減少數據冗餘。

⑵**方便查詢原則**

數據庫首先要滿足各種分類查詢功能。

⑶**可擴展性原則**

數據庫的一個發展趨勢就是數據量越來越大，從而對數據庫的可擴展性要求也越來越高。

⑷**易用性原則**

設計出的系統必須易於用戶操作和使用才有價值，當然同時還可以降低成本。另外，其他一些方面，像可方便列印輸出等都在考慮之中。

⑸**可管理性原則**

當存在大量數據且數據更新間隔時間很短的情況下，數據庫的可管理性顯得尤爲重要。

⑹**方便數據裝載原則**

數據庫可以採用來自不同數據源的數據，數據庫的數據裝載性能體現在數據裝載的速度、方便程度等方面。

⑺安全性原則

數據庫中所採集的數據必須安全、可靠。

⑻經濟性原則

經濟性原則是一切經濟管理活動都應遵循的基本準則，數據結構的設計也不例外。對數據結構的設計進行適當的成本效益分析是必須的，實施數據庫管理、進行數據庫結構設計所花費的成本，不應超過通過數據庫管理帶來的成本節約。

2. 數據庫結構的一般模式

在設計數據結構時，應切記本公司的銷售過程。例如，數據庫可以幫助銷售人員迅速查找具有購買潛力的消費者，可以提供進行直接郵件行銷活動的客戶名單。選擇創建數據庫的欄位包括購買可能性預測數據。數據庫的結構包括數據調查、數據收集的範圍，須本著基本原則做到分類清晰，易於維護、更新。

⑴消費者數據庫

①基本概況：姓名、性別、婚姻狀況、職業、位址、電話、傳真、受教育程度。

②家庭情況：收入水準、家庭成員、生活態度、特殊興趣、過去的購買記錄、平均購買狀況、購買頻率。

③消費情況：支付方式、信用卡、信用卡限制、信用卡歷史、對某家公司的抱怨、商品運抵方式、家庭決策權、其他主要的購買狀況。

具體如表 4-1 所示。

表 4-1 消費者數據庫舉例

基本概況			
姓名		性別	
婚姻狀況		職業	
地址		電話	
傳真		受教育程度	
家庭情況			
收入水準		家庭成員	
生活態度		特殊興趣	
過去購買記錄		平均購買狀況	
購買頻率			
消費情況			
支付方式		信用卡	
信用卡限制		信用卡歷史	
對某家公司的抱怨		商品運送方式	
家庭決策權		其他主要的購買狀況	

⑵**企業組織數據庫**

①公司概況：公司名稱、經營範圍、行業、企業性質、聯繫人姓名、職位、部門、位址、郵遞區號、電子郵件位址、電話、傳真、員工數量、營業代碼、公司規模(以銷售量計)、資產總額、註冊資金、年營業額、年需求量、設備類型、產品。

②公司經營：經營狀況、公司目標、每年設備預算、預算年度、產品銷售量、年銷售量、歷史配額、銷售代表、未完成

的配額、今年預測銷售量、市場狀況、線索來源、參加貿易展情況、客戶狀況、客戶抱怨、服務歷史、關鍵管理問題。

③消費狀況：購買歷史、信用等級(A～D)、信用歷史、信用限制、支付歷史、上次接觸日期、商品運送要求、特殊產品說明。

④部門劃分(各企業不同)：各大事業部、人事部、財務部、行銷部、企劃部、生產工廠、後勤部、部門經理、市場部研究部、採購部、經理辦公室、黨委辦公室、公關部、行政部。

具體如表 4-2 所示。

表 4-2　企業組織數據庫舉例

公司概況			
公司名稱		經營範圍	
行業		企業性質	
聯繫人姓名		職位	
部門		地址	
郵遞區號		電子郵件位址	
電話		傳真	
員工數量		營業代碼	
公司規模(以銷售量計)		資產總額	
註冊資金		年營業額	
年需求量		設備類型	
產品			
公司經營			
經營狀況		公司目標	
每年設備預算		預算年度	

續表

產品銷售量		年銷售量	
歷史配額		銷售代表	
未完成的配額		線索來源	
參加貿易展情況		客戶狀況	
客戶抱怨		服務歷史	
關鍵管理問題			
消費情況			
購買歷史		信用等級	
信用歷史		信用限制	
支付歷史		上次接觸日期	
商品運送要求		特殊產品說明	
部門劃分			
各大事業部		人事部	
財務部		行銷部	
企劃部		生產工廠	
後勤部		部門經理	
市場調研部		採購部	
經理辦公室		黨委辦公室	
公關部		行政部	

⑶國情及社會發展數據庫

①國情信息：人口信息、生活發展水準、區域地理信息、區域戰略計劃、重大項目信息及其他。

②社會經濟信息：黨政機關基本資料、社會團體資料、電話普及率、經濟發展水準、重大社會活動情況及其他。

③各行業發展信息：銀行、證券、保險、通訊、交通、服裝、軟體、汽車及其他。

具體如表 4-3 所示。

表 4-3　國情及社會發展數據庫舉例

國情信息			
人口信息		生活發展水準	
區域地理信息		區域戰略計劃	
重大項目信息		其他	
社會經濟體系			
黨政機關基本資料		社會團體資料	
電話普及率		經濟發展水準	
重大社會活動情況		其他	
各行業發展信息			
銀行		證券	
保險		通訊	
交通		服裝	
軟體		汽車	
其他			

二、數據庫的收集數據資料

1.行銷數據的類型

按照直接獲取和間接獲取，或是否經過整理的不同，行銷數據一般分爲初級數據和次級數據兩大類。

⑴初級數據

初級數據，又稱一手調查數據，主要是行銷人員通過調查直接從現有客戶、準客戶和可能客戶那裏獲得的數據，也可稱爲直接提供的數據，即是由個人(包括現有客戶、準客戶和可能客戶)直接向行銷人員提供的有關其自身的數據。這類數據主要通過問卷調查、電話調查、面談以及其他與個人直接交流的方式獲取。

一手調查數據按其特點或性質可分爲：人口統計數據，如年齡、收入、學歷、婚姻狀況、性別等；態度數據，如對產品的態度、有關生活方式、社會和個人價值觀、意見態度等；行爲數據，如購買習慣、品牌偏好以及產品和品牌的用處等。

客戶行動數據包括所有有關由於客戶與公司之間的關係而發生的銷售和促銷活動的資料，例如：客戶數據、重覆購買數據、產品項目數據、產品目錄冊促銷數據、印刷媒體促銷數據、廣播電視促銷數據等都屬於客戶行動數據。這類數據是最重要的，因爲它們產生於客戶與公司之間的直接聯繫，也最容易獲得。行銷人員在建立可靠的預測模型時所需要的最具相關性的數據就是客戶行動數據，這些數據直接來源於公司的交易記錄。關鍵性的行動測度標準包括最近一次的購買時間、頻繁度和金額數據等。

還有一類數據對公司來說也是非常重要的，那就是準客戶數據。所謂準客戶數據是指公司已經對之開展過促銷活動但還未購買公司產品的一群人，這群人在將來很可能要成爲公司的客戶，所以稱之爲準客戶，以示與現有客戶的區別。對於這一群人來說，公司雖然沒有他們的行動數據，但持有相關的促銷記錄。建立一個完善的促銷記錄，有助於行銷人員在一個恰當的時機，對某一特定的準客戶開展某些產品的促銷活動，這比毫無選擇毫無目的地進行促銷更富有效率，更能爲公司帶來客戶和收益。

因爲一手調查數據是行銷人員親自從客戶那裏收集到的，具有極強的可靠性和真實度，因而能準確地反映客戶的信息。使用初級數據，企業可以更準確地確立促銷目標，提高行銷效率，減少對不可靠的數據來源的依賴度。同時，一手調查數據對於進行準確的市場細分意義重大。在收集到充分的一手調查數據之後，可運用統計技術將所有對調查有回饋的人劃入相對同質的分塊。特別要強調的是，市場細分必須是建立在對現有客戶和準客戶進行仔細調查的基礎上的。

⑵**次級數據**

次級數據，又稱間接數據、二手數據，它是經過別人收集，並且已經被加工整理過的數據。按照來源的不同，次級數據又分爲內部數據和外部數據。內部數據主要是公司行銷信息系統中貯存的各種數據，如公司各時期的銷售記錄、促銷活動記錄、客戶購買行動記錄等等。外部數據主要來自專門的行銷資料調查機構、信息服務中心、有關的政府機構、各種協會組織以及競爭對手公司等。

在數據庫行銷中，最主要的內部數據是客戶行動數據和準客戶數據。外部數據是指二手調查數據，主要來自一些以盈利爲目的的數據庫彙編機構、直銷協會、消費者協會、政府機構甚至還包括競爭對手公司，其中最主要的是向數據庫彙編機構購買而獲得的數據，因而二手調查數據也常被稱作從第三方購得的數據。

儘管一手調查數據能夠提供有關客戶或準客戶的獨特信息，但是在行銷人員進行市場目標化過程的起始階段，這類數據並不總是能夠及時地獲得，因而在很多情況下購買二手調查數據是改進預測模型的一個有效的手段。

從第三方購得的數據按其性質也可分爲以下四種：

①態度數據。從第三方獲得的態度數據通常不涉及現有客戶或準客戶對某一特定產品或服務的態度，而主要是人們對於各種不同的主題(如生活方式、個人價值觀、政治、宗教及其他問題)的意見、道德態度和感性認識。

②生活方式數據。一般不能充分地提供有關個人興趣愛好和休閒活動的信息，而在許多情況下行銷人員需要生活方式數據。

③財務數據。財務數據主要涉及到人們的信用卡購物、分期付款及支付記錄等方面的情況。行銷人員可以將現有客戶的名單送交給專門的財務數據機構，由該機構提供這些客戶的財力狀況。

④人口統計數據。有些數據庫彙編機構提供有關家庭成員的姓名和地址的數據及特定的個人數據，這些數據大多來源於公共記錄，如機動車登記檔案、電話號碼名錄等等。

行銷數據類型的詳細列示如圖 4-1。

與初級數據比較而言，次級數據的最大優點是，它的取得途徑廣泛，不需動用大量調查人員，只需要較少的費用就可很容易地得到。但次級數據也有很多不足之處，如有些數據可能關係到持有者的機密問題而無從獲取；有些數據可能是過時的、不合要求的；更主要的是有些數據缺乏準確性。

圖 4-1　行銷數據類型圖

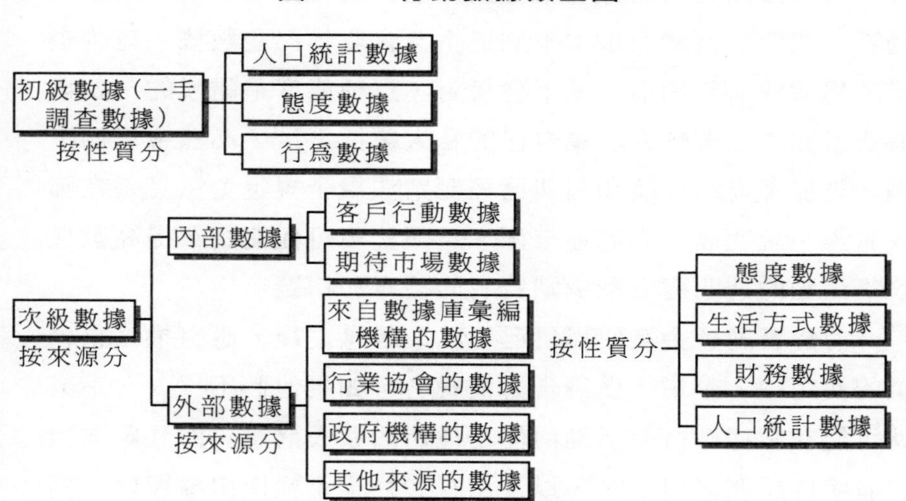

2. **行銷數據的收集**

⑴**行銷數據收集的公開性**

在數據收集工作中，企業必須嚴格遵守公開性原則。企業應向消費者明確說明數據收集的目的和數據使用方法，經消費者同意之後，才可儲存和使用消費者私人數據。數據收集工作的透明度應經得起消費者和司法機構的檢查。如果企業採用欺騙方式，秘密收集數據，必然會引起消費者的強烈不滿。

欺騙性數據收集方法指企業隱瞞數據收集目的，通過虛假的市場調研，誘導消費者提供私人信息。例如，企業在電話行銷和郵寄廣告活動中，通過有獎銷售、虛假調查等方式，收集消費者私人數據。

隱蔽性數據收集方法指企業秘密收集消費者信息，而從未向消費者公開說明數據收集活動。也許這種做法並沒有欺騙消費者，然而，消費者根本不知道企業會收集那些數據。有些企業認爲消費者不知道，就不會反對，這種態度是錯誤的。如果消費者知道企業秘密收集自己的私人數據之後，必然會更加不滿，更加不安。芬蘭和瑞典已經制定法規，規定企業必須在郵政廣告中說明收件人名址來源。這類法規可促使企業提高數據收集活動的透明度，減少消費者的憂慮和懷疑。

消費者同意企業使用自己的私人信息之後，應有權終止企業的使用權。企業不僅應告訴消費者，如果他們不反對，企業就可能在數據庫行銷活動中使用他們的私人信息，而且應向消費者明確說明使用方法，以及消費者終止企業使用權程序。例如，信用卡公司可在信用卡申請書和帳單上印上以下文字：「本公司不僅按使用申請書中的信息給您寄帳單，而且可能會在今後的行銷活動中使用您的購貨數據，向您提供產品和服務信息。如果您不同意本公司這樣使用您的購貨數據，請在這裏注明『不同意』。」這類做法不僅符合信息收集原則，而且有助於企業不斷地更新客戶通訊錄，從數據庫中刪除不大可能購買本企業產品和服務的消費者名址，節省銷售費用。

消費者對隱私權有不同的看法和要求。有些企業準備以折價券和現金折扣，鼓勵消費者提供私人信息，允許自己使用他們的私人數據。換句話說，要享受「隱私權」，消費者需爲產品和服務支付較高的價格。這種做法爲消費者提供了選擇的機會，由消費者權衡利弊，決定是否允許企業使用他們的私人信息。

⑵**初級數據的收集**

初級數據的收集可主要通過以下四種方法：

①郵寄問卷。郵寄問卷是指行銷調查人員將設計好的問卷寄給被調查者，說明答卷的要求和方法，由被調查者自己填好後寄回。

問卷是一種最常用的調查工具，因爲它十分靈活，可以在問卷中向被調查者提出較多的問題，而且提問方法也靈活多樣。進行問卷調查過程中一個十分關鍵的環節是問卷設計。問卷中的每一個問題都必須經過仔細推敲，反覆斟酌，看它是否符合調查目的，是否適合被調查者的特點。在問卷中，詞句的使用應堅持簡潔、明確、得體的原則。另外，還應注意問題排列的先後，一般應按「先易後難」的原則把簡易有趣的問題放在前面，把複雜的問題放在後面。一份問卷初步設計好後，一般要選擇一組被調查者試用，試用後對問卷進一步調整和完善，最後才可正式大量地郵寄給被調查者。

在問卷設計中，最令行銷人員頭痛的莫過於問卷中所包含的問題的設計。一份設計出色的問卷中的每一個問題都應該是必須回答的問題，也是符合調查目的的關鍵性問題。在設計問題時應該且必須避免提出一些無法回答的問題(即被調查者甚至連調查者自己也無法給予答覆的問題，提出這類問題就好似在問：您知道您頭上有多少根頭髮嗎？)，不必回答的問題(即智力正常的普通人就能回答的問題，提出這類問題就好似在問：您知道 1 加 1 等於幾嗎？)，不願回答的問題(即被調查者不願意透露的有關信息，這類問題往往是涉及到被調查者的隱私)。在問題設計出來後，設計人員可自己先以被調查者的身份來回答這些問題，以找出並否定其中無法回答、不必回答或不願回答的問題。

問卷中提問的方法主要有三種：一是是非法，如「您喜歡××牌的洗衣機嗎？」要求回答「喜歡」或「不喜歡」。二是選擇法，可以是單項選擇，也可以是多項選擇，依具體問題而定。如「在下列幾項中，那一項或那幾項是您在購買洗衣機時所考慮的？」列出的選項有「價格便宜」、「進口品牌」、「國產品牌」、「品質過關」、「售後服務好」，由答卷人任選一項或幾項。三是簡答法，提出一些簡短的問題由答卷人自己回答，如「您爲什麼喜歡××牌的洗衣機？」但這種問題最好少用，並且一張問卷中這類題型不宜過多。一般地，能設計成選擇題的問題都應設計成選擇題，因爲這種題型的答卷答起來方便快捷。

郵寄問卷這一方法的優點是：被調查者比較廣泛，可以向被調查者提出多種問題，答卷人有充分的時間答卷。但這一方法也有很大的缺點——成本較高而效率較低，問卷的印刷費及郵資是一筆不小的開支。最主要的問題是回饋率十分低，因爲問卷調查是非強制性的，被調查者往往對問卷不理睬或者拖一段時間再去回答，而且答完問卷後並不一定馬上就寄回來。

爲了克服這一弊端，調查者可在問卷中做出一些有吸引力的承諾，如「將在××年×月×日進行大抽獎活動，請在××年×月×日之前寄回本問卷」，「凡完整回答並寄回本問卷者均可獲得本公司贈送的精美紀念品一份」,「本公司在收到您寄回的問卷後即免費向您郵寄一份新產品樣品。」雖然這些承諾將增加進行問卷調查的成本，但實際上公司在郵寄問卷的同時也在向被調查者進行一次促銷，這樣說來，郵寄問卷不失爲一種富有效果的調查方法。

②電話調查。電話調查就是通過電話向被調查者提問，以徵得被調查者的回答信息的一種調查方法。

與郵寄問卷相比，電話調查有以下優點：回饋迅速；回饋率高。

電話調查也有兩大缺點：電話交談的時間短促，一次不能提出較多的問題；電話調查成本顯然要比問卷調查高得多。

電話調查這一方式主要適合於向企業性客戶進行促銷，通過電話可以從企業的創始人、決策者業務主管那裏獲得許多有價值的重要信息，如企業的經營範圍、對那些產品或服務感興趣以及一些特別需要等。一般地，企業性客戶很少對電話調查置之不理或無禮拒絕合作,因爲每個企業都會注重自己的形象。

在電話調查中應注意的問題是：

- 靈活適當地控制交談時間。交談時間不宜過長，否則會引起對方反感；如果對方對調查很感興趣且合作很好，可稍微延長交談時間。
- 提問要有針對性，要符合行銷調查目的。
- 要特別注意交談中的用語，語音要清晰且要使對方感到容易接近。

③面談。面談調查就是行銷調查人員向被調查者面對面地

提出問題，並記錄被調查者的回答的一種獲取初級數據的方法。

面談法的優點是：調查者通過與被調查者面對面的交流，可以收集到比較準確的資料和其他信息。調查人員可以靈活地提出多種問題，引導被調查者全面、真實地發表自己的看法和意見。尤其是在集體面談中，眾多人一起相互討論、相互啓發、相互補充，可以使資料更加充實和完善。

面談法的缺點是：需要花較長的時間，耐心地去詢問和聽取反應，且需要較多的有專業素養的調查人員。另外，面談時間的選擇很關鍵，一般要選擇調查者有空餘的時候進行，否則會耽擱別人的工作。特別是在集體面談中，許多被調查者要湊到一起是件很困難的事。另外，所選擇的調查對象不一定具有足夠的代表性，因此，在進行面談調查前一定要選擇好被調查者。

④促銷附帶法。促銷附帶法是指進行促銷活動的同時，順便進行一些調查活動以獲取某方面的初級數據，因而所獲取的初級數據可以看作是促銷活動的副產品。例如，在郵寄產品樣品或發放購物優惠券時，可以向對方詢問某些有用信息，以對方的回答作爲獲取樣品或優惠券的交換條件。在促銷時提供贈品能較好地提高所獲資料的品質——即準確可靠性，因爲被調查者在能獲得贈品的情況下一般很樂意並且能認真回答調查人員的問題。

上述四種收集方法歸納如表 4-4 所示。

表 4-4　收集方法的比較

比較點＼收集方法	郵寄問卷	電話調查	面談	促銷附帶
費用	較低	非常高	非常高	較高
回饋速度	最慢	最快	較快	較快
回饋率	最低	最高	最高	較高
靈活性	非常靈活	不靈活	最靈活	不靈活
提問數量	非常多	非常少	非常多	較少

每個公司在通過調查的方式收集初級數據時，一定要根據自己的行業性質來確定自己所必需的數據。如果花了大量時間和精力收集到的數據是對公司無所裨益的數據，那將是一個極大的損失。不同的行業所要求的數據一般是不相同的，即使有重疊的，但也不會完全一致。例如，人壽保險公司注重收集人們的年齡、生命週期、健康狀況等數據；汽車銷售商主要想知道有關人群的職業、薪金收入、銀行存款等數據；百貨商店則注意收集客戶的購買頻率、購買金額、產品和價格傾向、支付方式、特殊偏好等數據。

⑶**次級數據的收集**

有別於原始數據，另一種是「次級數據」。要收集客戶行動數據和準客戶數據，只需與主管銷售和促銷的負責人聯繫就可以獲得銷售記錄和促銷記錄。由於二手調查數據主要來自專門的數據庫彙編機構或直銷協會，要收集二手數據只需與有關的數據庫彙編機構或直銷協會聯繫，支付一定的服務費就可取得所需資料。

雖然使用次級數據可以節省大量人力、物力、財力和時間，但次級數據也有許多不足之處，特別是二手調查數據是在過去出於不同目的或在不同條件下收集而來的，其實用性自然會受到限制。因而，行銷人員在收集和使用二手的調查數據時必須認真審查和評估，堅持以下四個原則：

①公正性原則。提供二手調查數據的組織機構或個人不懷有偏見或惡意。一般專門的數據庫彙編機構和政府部門提供的數據是沒有偏見的。在某些情況下，有的行業協會出版的某些數據可能是故意用來顯示本行業良好的一面，因而具有很大的片面性。行銷人員在收集這些二手調查數據時一定要謹慎。

②時效性原則。所取得的二手調查數據應該反映最近的有關情況。如果二手調查數據已經過時了，以此作爲當前決策的依據就會導致重要的決策失誤。

③適用性原則。不同的機構編制數據庫的目的也不盡相同。行銷人員在收集某機構編制的數據之前，一定要瞭解該機構編制數據庫的目的或其應用範圍。特別是在使用不同於本行業的其他行業的數據時，更應注意數據的適用性問題。

④可靠性原則。有的二手調查數據是通過抽樣調查取得的，不同的抽樣設計得到的抽樣結果是不一樣的；況且，抽樣結果並不一定能準確地反映整個總體的情況。因此，行銷人員在使用通過抽樣調查取得的二手數據時，應先瞭解其抽樣方法和過程，以保證數據的可靠性。

三、數據庫的建立

1. 建立與維護行銷數據庫的步驟

行銷數據庫的建立與維護過程大體上分爲以下步驟：

- 識別出將被納入數據庫的文件。
- 檢查已被識別出來的有用文件中的數據要素。
- 從每個有用文件中挑選出所需的數據要素。
- 確定必須在更新中創立的數據要素。
- 決定是由內部的數據處理部門還是由外部的服務機構進行數據選錄。
- 確定那些數據加強文件(如果有的話)可以納入數據庫。
- 鞏固有關單個客戶的信息。
- 識別客戶之間的關係，將屬於同一家庭的客戶歸在一起。
- 進行數據庫的初步設計。
- 決定數據更新的頻率和方法。
- 確定現有可利用的數據、數據鞏固方案和數據設計是否能實現已確定業務需要。
- 修訂實現業務需要的方案。

2. 行銷數據的甄別與選錄

⑴數據的甄別

數據的甄別就是根據已確定的業務需要，從已收集到的數據中挑選出所需的數據。這一過程分爲三步：

①識別應納入數據庫的業務和促銷文件。數據甄別過程的

第一步就是根據文件的可獲性及其信息內容，去識別應納入數據庫的文件。

②檢查每個有用文件中所包含的數據要素。一旦所需的可利用的文件被識別出來後，就必須對每個文件所包含的數據要素進行全面的檢查。

③從每個有用文件中挑選出所需數據。在使用數據一年之後，每個數據庫要素變得清楚時，最好再進行一次數據要素的挑選，從而相應地修改數據庫裝入程序。

⑵**數據的選錄**

在確定將被納入行銷數據庫的數據要素之後，下一步就是決定如何將這些數據要素納入數據庫，這一過程就是數據的選錄。數據的選錄有以下三種方法，而每種方法所需的費用、時間也有所不同。

①由數據提供者選錄。通過數據提供者編寫並維護的一系列的程序，可以將所需數據要素從現存的文件中選錄出來。

②包括概要數據的數據選錄。這種方法除了包括方法一的選錄過程外，還計算出概要數據欄位，如某時期對每位客戶平均的總銷售額、截至某日平均每位客戶的購買額等等。

③由數據庫裝入者選錄。將完整的、未經選錄的現存文件中的副件提供給數據庫裝入者，數據庫裝入者將分出那些記錄應納入，那些記錄應排除。

數據的選錄形式基本有如下兩種：

①內部選錄。在數據來源較少的公司，數據的選錄將在不間斷的基礎上進行。在數據來源於各分部或單位的公司，各分

部有必要協商好有關安排，首先是提供數據，其次是在不間斷的基礎上共同合作提供數據。

②外部選錄。如果選擇一個服務機構進行數據選錄及其他預先處理活動，公司應考慮該服務機構是如何收費的，以及這些費用對數據庫工程成本有何影響。儘管外部處理很便利，可以避免內部處理中有關各分部之間的行政管理的干擾，但服務機構提供的服務不是免費的。每個公司應仔細評價這兩種選擇，並根據費用與方便的原則選擇最適當的方法。

3. 行銷數據庫的初步設計

行銷數據庫的初步設計是在數據的鞏固之後進行的。數據庫的初步設計是由數據處理專業人員完成的，這項工作可在公司內部進行也可在外部服務機構進行（如果公司選擇外部處理數據庫的話）。

數據庫設計是指對於一個給定的應用環境，創建一個性能良好、能滿足不同用戶使用要求、又能被選定的數據庫管理系統所接受的數據庫模式，建立數據庫及其應用系統，使之能有效地存儲數據，滿足用戶的信息要求和處理要求。

數據庫設計本著用戶參與及發展眼光（系統不僅要滿足用戶目前的需求，也應滿足近期要求，還要對於遠期需求有相應的處理方案）的原則，主要有以下內容：

⑴靜態設計

結構特性設計，根據給定應用環境，設計數據庫的數據模型或數據庫模式，它包括概念結構設計和邏輯結構設計。

⑵**動態特性設計**

確定數據庫用戶的行爲和動作，即數據庫的行爲特性設計，包括設計數據庫查詢、事務處理和報表處理等。

⑶**物理設計**

根據動態特性，即應處理要求，在選定的 DBMS 環境下，把靜態特性設計中得到的數據庫模式加以物理實現，即設計數據庫的存儲模式和存取方法。

數據庫設計過程如圖 4-2 所示。

圖 4-2　數據庫設計過程

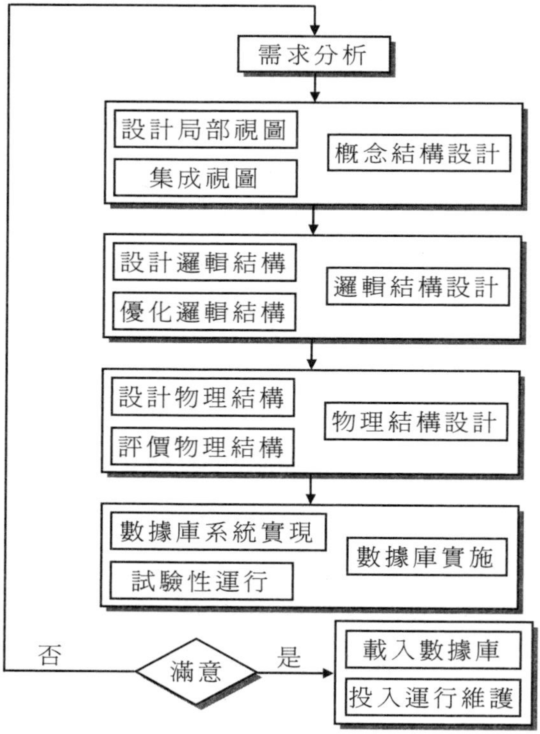

需求分析

設計局部視圖
集成視圖
概念結構設計

設計邏輯結構
優化邏輯結構
邏輯結構設計

設計物理結構
評價物理結構
物理結構設計

數據庫系統實現
試驗性運行
數據庫實施

滿意
否
是

載入數據庫
投入運行維護

四、行銷數據的分析

1. 行銷數據的分析

在實施數據庫行銷的企業中，有很多企業建立了數據庫之後，卻不知道到底需要那些數據，爲其決策提供支援。企業裏有各種各樣的數據，尤其是有關銷售的數據，如銷售額、利潤、某個產品在某個管道中的銷售波動情況等等，不但很多企業外面的人，連實際做決策的人都不知道需要什麼數據。爲了很好地把握那麼多的分析數據，必須要建立一個結構。立足於結構，分析數據就非常容易了。

⑴建立一個三維數據分析概念（管道、產品、時間）

從本質上講，企業最重要的是盈利，盈利的手段只有一種——賣產品，賣更多的產品。促銷、廣告、品牌、PR 等等，最後都要落實到賣產品上來，所以產品一定是企業最關注的維度。

其次，價值是需要傳遞的，從銷售的角度來看，管道是傳遞價格的基礎，不同的管道銷量、盈利多少是要重點監測的內容，所以管道將成爲結構的一個維度。

最後，任何事物的發展都需要有時間來促成，企業發展也一樣，所以時間這個維度自然不能省。

綜上所述，可以建立一個管道、產品、時間維度的結構：

①管道維度：區域、經銷商、客戶類型。

②產品維度：品牌/品種，甚至於包括個別非常重要的 SKU。

③時間維度：按照時間進度，比較分析數據，一般包括當月、上月、本年累計、上年同期等等。

⑵兩種數據分析指標

有了結構，那麼多的數據該如何分析？可以把數據分爲財務數據和非財務數據。以快銷品爲例，可以看出在所有分析的數據中，總結起來一共有三大類：財務、覆蓋和店內表現。

⑶把數據放在三維結構中

通過管道、產品和時間構成分析生意數據的三個維度，再把兩大類數據指標應用到分析維度中，就可以詳細分析銷售的生意數據。

2.行銷數據的挖掘

數據挖掘所要處理的問題，就是在龐大的數據庫中尋找出有價值的隱藏事件，加以分析，並將這些有意義的信息歸納成結構模式，作爲企業決策時的參考。此外，數據挖掘看重的是數據庫的再分析，包括模式的建構和資料特徵的判定，其主要目的是要從數據庫中發現先前關心卻未曾獲悉的有價值的信息。事實上，數據挖掘並不只是一種技術或是一套軟體，而是數種專業技術的綜合應用。

⑴數據挖掘的概念

數據挖掘指的是從大型數據庫或數據倉庫中提取人們感興趣的知識，這些知識是隱含的、事先未知的潛在有用信息。大部份的人認爲數據挖掘和數據庫是等價的概念。數據挖掘是隨著科學技術的迅速發展、數據庫規模的日益擴大以及人們對數據庫中潛在信息資源的需求而迅速發展起來的，它是數據庫技術、人工智慧、機器學習、統計分析、模糊邏輯等學科相結合的產物。數據挖掘的對象不僅是結構化數據庫，也可以是半結構化的超文本文件，甚至是非結構化的多媒體。基於數據倉庫的數據挖掘，將是數據挖掘技術應用的主流。

⑵數據挖掘的過程

數據挖掘過程中各步驟的大體內容如下：

①確定業務對象。清晰地定義出業務問題，認清數據挖掘的目的是數據挖掘的重要一步。挖掘的最後結構是不可預測的，但要探索的問題應是有預見的，爲了數據挖掘而數據挖掘則帶有盲目性，是不會成功的。

②數據準備。包括：

- 數據的選擇。搜索所有與業務對象有關的內部和外部數據信息，並從中選擇出適用於數據挖掘應用的數據。
- 數據的預處理。研究數據的品質，爲進一步的分析作準備，並確定將要進行的挖掘操作的類型。
- 數據的轉換。將數據轉換成一個分析模型，這個分析模型是針對挖掘演算法建立的。建立一個真正適合挖掘演算法的分析模型是數據挖掘成功的關鍵。

③數據挖掘。對所得到的經過轉換的數據進行挖掘，除了完善從選擇合適的挖掘演算法外，其餘一切工作都能自動地完成。

④結果分析。解釋並評估結果，其使用的分析方法一般應視數據挖掘操作而定，通常會用到視覺化技術。

⑤知識的同化。將分析所得到的知識集成到業務信息系統

的組織結構中去。

圖 4-3 描述了數據挖掘的基本過程和主要步驟。

圖 4-3 數據挖掘的過程

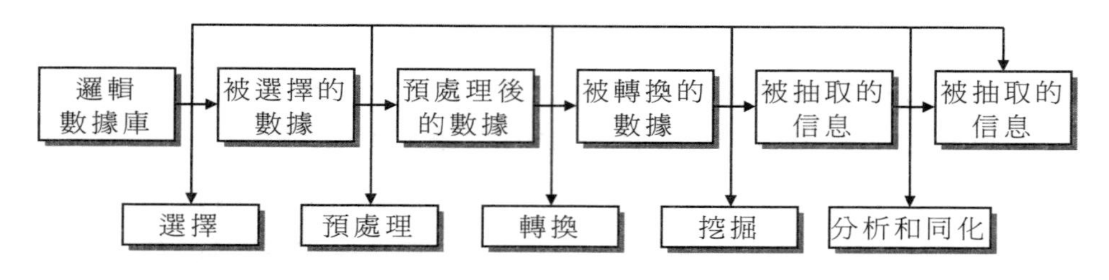

⑶**數據挖掘的技術**

數據挖掘的方法和技術可大致劃分爲三類：統計分析、知識發現和視覺化技術。

統計分析用於檢查異常形式的數據，然後利用統計模型和數學模型來解釋這些數據，統計分析方法是目前最成熟的數據挖掘工具。

知識發現則著眼於發現大量數據記錄中潛在的有用信息或新的知識，屬於所謂「發現驅動」的數據挖掘技術途徑。知識發現常用的方法有人工神經網路、決策樹、遺傳演算法、模糊計算或模糊推理等。數據品質、視覺化數據的能力、數據挖掘者的技能、數據挖掘的力度等都是影響知識發現方法的重要因素。

視覺化技術則採用直觀的圖形方式將信息模式、數據的關聯或趨勢呈現給決策者，決策者可以通過視覺化技術互動式地分析數據關係。

⑷數據挖掘的應用

利用數據挖掘，企業能從巨大的數據庫中挖掘到從未發現的信息，並從使用中獲利。數據挖掘主要有三種應用方式，即獲得新客戶、留住老客戶和增加客戶的消費額。

如何獲得新客戶？希望找出客戶的一些共同特徵，希望能借此預測那些人可能成為我們的客戶，以幫助行銷人員找到正確的行銷對象。利用數據挖掘可以從現有客戶資料中找出他們的特徵，再利用這些特徵到潛在客戶數據庫裏去篩選出可能成為我們客戶的名單，作為行銷人員銷售的對象。行銷人員就可以針對這些名單寄發廣告資料，既可以降低成本，又提高了行銷的成功率。

如何留住老客戶？可以由一些原本是我們的客戶、後來卻轉向成為我們競爭對手的客戶著手，分析他們的特徵，再根據這些特徵到現有客戶資料中找到有可能轉向的客戶，然後設計一些方法將他們留住，因為畢竟發展一個新客戶的成本要比留住一個原有客戶的成本高出許多。

如何增加客戶的消費額？例如，那些產品客戶會一起購買，或是客戶在買了某一樣產品之後，在多長時間之內可能購買另一產品等。利用關聯性的產品銷售和連貫性銷售方法，來提高客戶的終生價值。利用數據挖掘，零售業者可以更有效地決定進貨量、庫存量，以及在店裏如何擺設貨品，同時也可以用來評估店裏促銷活動的成效。

基於數據挖掘技術的數據庫行銷系統是目前企業在行銷領域的一個新探索，已初步發揮了其優越性和潛力，並取得了一定的成效。但目前，數據挖掘技術尚處於不斷發展的階段，數據挖掘語言和接口有待進一步簡化，基於 Internet 的數據庫行銷系統的數據挖掘技術尚不完善，對挖掘出的知識的有效性和可用性缺乏高效的評價方法等等這些問題，都會制約數據庫行銷系統在企業中的應用。因此，在使用數據庫行銷系統的同時，必須考慮上述因素的影響，從需求、數據、財力及技術等方面認真進行成本、效益的分析，避免不必要的開支和風險。

五、行銷數據的更新

1.數據的鞏固(Consolidation)

在數據庫處理過程中複雜、費時且費錢的一步就是記錄資料的鞏固。許多公司從交易系統裏獲取顧客記錄，一個文件上存在著多種有關個人或家庭記錄。在這些記錄裝入數據庫之前，重覆的記錄必須被識別出來，有時還需刪除，這樣，行銷人員能清楚地瞭解有多少個顧客，以及他們之間有什麼關係。

有一個單一產品(Single-product)公司，如果供貨系統中使用唯一的顧客身份證號碼(IDs)或與之匹配的編號(Match Codes)，也許每個顧客只需使用一個記錄。然而，許多公司，特別是金融服務行業，與單個顧客有著許多不同的關係。如果公司的數據處理系統是建立在帳戶基礎(Account-based)上而不是顧客基礎(Customer-based)的，公司很有可能忽視它與一個顧客的全部關係，而且每個產品組(Product Group)也會忽視顧客與公司其他部門的關係。

作爲初步鞏固處理的一部份，公司可以選擇建立一個使用唯一的顧客身份號碼，將特定顧客的所有描述特徵聯結起來的交叉參照文件 Cross-reference File)。顧客的身份證號碼應該是唯一的(Unique)，而不是建立於顧客姓名和地址的基礎上，因爲這些過一段時間後可能會改變的，從而會使保持數據庫內數據一體化更加麻煩。

在圖 4-4 中，顧客身份證號碼(ID)是一個關鍵字段，意味著它將一些不同的表格連接起來。

圖 4-4　顧客身份信息

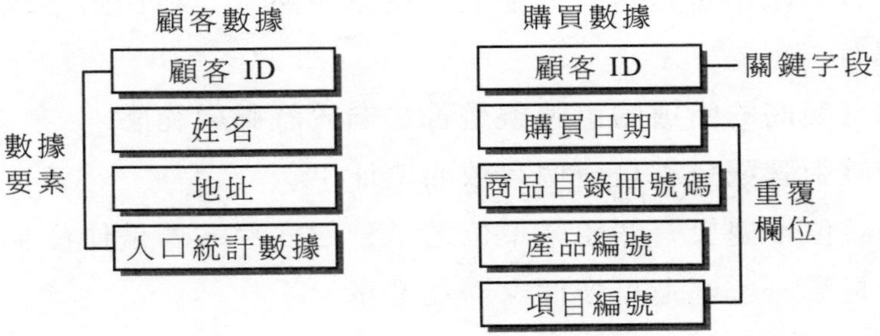

顧客數據
顧客 ID
姓名
地址
人口統計數據
數據要素

購買數據
顧客 ID
關鍵字段
購買日期
商品目錄冊號碼
產品編號
項目編號
重覆欄位

在數據鞏固過程中，主要涉及到五項工作：重覆記錄識別、位址標準化、配對、刪除和家庭成員識別。

⑴**重覆記錄識別**(Duplicate Identification)

在將顧客姓名裝入數據庫之前，必須經過一個重覆記錄識別過程，以便判定那些記錄屬於同一顧客。通常重覆記錄識別軟體能利用一些判別規則(Algorithms)去推測兩個記錄屬於同一顧客的概率，行銷人員可以按照行銷應用的要求將判別標準設置得鬆一些或緊一些，程序中的判別規則就會說明那些顧客是重覆的，那些是唯一的。例如，如果姓氏和位址剛好配對，公司就可以向家庭郵寄，而不是向該家庭中特定個人郵寄。

⑵**地址標準化**(Address Standardization)

在處理數據中，很可能會發現有的位址有錯誤，如街名有誤、街牌號碼倒置等，這時就需要進行位址標準化。舉個例子，「臺北市南京西路 123 號」、「臺北市南京西路 132 號」、「新民路 132 號」中那個是正確的？位址標準化軟體中能將這些位址與全國性的位址郵編數據庫進行比較，幫助行銷人員判斷。

①該郵編是否與該地址所屬城市和省份相配：

②該郵編中是否含有「臺北市南京西路」、「新民路」或者二者都有；

③有疑問的街道的街牌號是否都屬於該郵編範圍；

④該街牌號是否是一個有效的位址；

⑤該位址屬於一個企業單位還是一個住戶。若是住戶，則該住戶是單一家庭還是多個家庭住宅單元。

⑶**匹配**(Matching)

數據記錄中，由於同音字、形似字等原因個人名字書寫有誤也是常有的事。處理中國人的姓名一般不複雜。外國人的名字拼寫錯誤更普遍，如 Robert Smith、Bob Smith、R.Smith、Robt Smythe。因此，配對問題更複雜一些，也有專門的配對軟體幫助處理這一工作。

⑷**刪除**(Scrubbing)

爲了使顧客的姓名地址更趨標準化，有時需刪除有關記錄內容。例如，在進行登記的時候，有些和位址、姓名無關的內容可能混在一起，如「臺北市南京西路 123 號余莉光明公司經理助理」，其中「光明公司經理助理」既不是地址也不是姓名，可以將它去掉，只保留「臺北市南京西路 123 號余莉」。當然，用刪除軟體做這一工作時，並非將不相關的信息徹底刪掉以至不能恢復，它同時實際上以隱含的方式保留了這一信息，一旦需要這一信息，仍可恢復。

⑸**同一家庭成員識別**(Householding)

確認那些顧客實際上是同一家庭的成員是一個複雜的過程。有兩種處理方法，一種是按姓名和地址識別，另外一種適合於更複雜的，特別是在數據庫行銷中，更普遍的情形。

①根據姓名和位址識別家庭成員關係。瞭解屬於同一家庭的顧客之間的關係對於公司的行銷活動來說是十分重要的，因爲獲得這些信息有助於行銷人員採取最恰當的促銷措施，從而使促銷更富有效率。在根據姓名和位址判斷顧客之間關係時，應特別注意所作判斷的可靠度，因而還應利用其他相關數據。例如，對於「臺北市南京西路 123 號余莉張劍」一般可以判斷「余莉」和「張劍」屬於同一家庭住址，是「臺北市南京西路 123 號」，但不好判別他們之間是否是夫婦關係，如果還有其他數據，如「余莉」和「張劍」的年齡分別爲 43 和 45，根據一般常識，他們應該是夫婦，且根據名字，一般可斷定「余莉」是女的，「張劍」是男的。

② 識別顧客之間更複雜的關係。有些公司希望用 Householding 技術去識別顧客之間更複雜的關係。設想一個擁有保險產品、零售業務、商品目錄冊銷售業務和信用卡業務的

公司。

2. **數據的更新**(Updating)

⑴**更新的頻率**

更新的頻率決定著數據庫反應顧客真實情況的程度。如果公司的促銷決策主要依據購買者行爲，大多數行銷人員將要求信息盡可能是時新的，以避免將積極的顧客從促銷中漏掉。更新的頻率不必超過公司做出決策的間隔次數。例如，如果公司每年進行兩次郵寄促銷，只須在兩次郵寄促銷之前更新文件，以提供在姓名挑選時所需要的數據。

儘管更新的頻率小具有意義，能節省費用，特別當公司的行銷數據庫是由外部服務機構進行維護時更是這樣，許多公司還是選擇更頻繁的更新，以便支持在郵寄促銷間隔之間不間斷的數據庫分析和報告工作。

許多公司的更新計劃包括以下內容：

①現有顧客的購買數據、利潤數據、包括按部門或按產品計算的總銷售；

②顧客數據，包括新顧客和改變地址的顧客數據。

⑵**是否要更新或替換數據庫**

數據庫裏的數據是否需要更新，也即修改？或者是否要以更時新的顧客數據替換(replace)當前的數據庫表格？如果在數據庫的範圍內進行更新，則要求更複雜的程序設計，以便找到以前的記錄，並對現存表格進行增補、更改和刪除。如果在交易系統內進行更新，並且數據庫表格被新的信息所替換，則需要修正現存交易系統以便獲得更詳細的數據。修正的範圍將取決於現存交易系統保存數據的詳細度。

例如，如果在上次更新時某顧客的 6 次購買額(也即銷售額)爲 100 元，而在當前的更新中 9 次購買額爲 160 元，那麼這一時期的三次購買中每次購買額是多少？是每次都是 20 元，還是有兩次是 10 元一次 40 元？不同的答案可能決定不同的促銷辦法。如果無法取得詳細的交易數據，那就會失去進一步區分顧客的機會。

如果數據庫表格被替換，則要求保留一份以前文件的記錄。在行銷數據庫中保留歷史數據時，行銷人員必須決定以下問題：

①有多少歷史數據將被保留；

②保留到什麼樣的詳細程度；

③數據應保留多長時間。

隨著數據庫工程的進展，各種決策是依這些情況而定的：數據的可獲性、數據庫處理的費用和複雜性、數據貯存的成本、開發和實施的預期費用，這些情況會改變原先的各種具體計劃。事實上，最終的數據庫行銷應用往往會偏離原先的業務要求，因而也就不能實現這些業務要求。由於以上原因，在實施數據庫工程之前應進行一次全面的檢查(Review)以保證數據庫行銷應用按所計劃的那樣實現業務要求。

如果在全面的檢查過程中，數據庫工作組認爲，根據在數據庫工程進展中發現的信息，公司的業務需要實際上已發生改變，而且數據庫行銷應用應執行一些與原先預期稍有不同的功能，這時，公司可以根據變化的大小，採取三種不同的措施。

①如果變化相對較小，原先的設計應稍作修改以融合這些變化，然後繼續進行數據庫工程。

②如果變化較大，而且對原先設定的功能有所增加，這時，原工程可仍舊按計劃進行，同時對數據庫應用進行改進增強。

③如果變化較大，且與原先的業務要求有重大的偏離，那麼數據庫工程就應停止，並且整個過程要重新開始，包括對業務需要的重新評估。

六、行銷數據庫的維護

數據庫的建立與維護，這一工作的主要內容是數據的甄別、選錄、鞏固和更新以及行銷數據庫的初步設計。實際上，這一工作就是數據的演化(Evolution)過程。行銷人員通過各種途徑搜集到大量的原始數據後，並不能以它們爲依據立即做出行銷決策，而是必須先對這些數據進行篩選，使之具備一定的結構(Structured)，爲隨後的數據統計分析和建模以獲取行銷信息做準備。

行銷數據庫建立與維護的大體步驟：

⑴識別出將被納入數據庫的文件；

⑵檢查已被識別出來的有用文件中的數據要素(Data Elements)；

⑶從每個有用文件(Contributing Files)中挑選出所需的數據要素；

⑷確定必須在更新中創立的數據要素；

⑸決定是由內部的數據處理部門還由是外部的服務機構進行數據選錄；

⑹確定那些數據加強文件(Data Enhancement Files)(如果有的話)可以納入數據庫；

⑺鞏固有關單個顧客的信息；

⑻識別顧客之間的關係，將屬於同一家庭的顧客歸在一起；

⑼進行數據庫的初步設計；

⑽決定數據更新的頻率和方法；

⑾確定現有可利用的數據、數據鞏固方案和數據庫設計是否能實現已確定的業務需要(Business Needs)；

⑿修訂實現業務需要的方案。

七、選擇最佳的行銷方式

1.研究數據庫的目標市場特點

通過數據庫規劃、數據結構設計和數據收集之後，企業的基本數據庫得以正式建立，接下來就必須對數據庫所提供的信息進行分類研究，這就是數據挖掘過程，有助於把握市場的特點。然後再在此基礎上，針對不同特點的市場採取針對性的行銷策略，這一過程與實現數據庫行銷的目的切實相關，是一個十分重要的環節。

麥德龍公司是美國零售行業的巨頭之一，擁有3000多家店鋪，僱員在15萬以上，1997年銷售額350億美元，利潤5.90億美元，爲世界第二大零售商。該公司是實行會員制的企業，會員入會不需要交納會員費，只需填寫《客戶登記卡》，主要項目包括：客戶編號、單位名稱、行業、位址、電話、傳真、地段號、市區、郵編、稅號、帳號和授權購買者姓名。此卡記載的資料輸入微機系統，就有了客戶的初始資料，當購買行爲再次發生時，系統會自動記錄客戶購買情況。擁有了這些極爲寶貴的信息之後，麥德龍公司便據此得出了以下的分析數據：

⑴**客戶最近的購買時間信息。**由此判斷客戶光顧的頻率，如果客戶長期沒有光顧，就要調查其原因，是對購買的產品不滿意，還是由於其他原因？

⑵**客戶的消費水準。**這組數據能夠說明客戶結構和客戶定位，以確定企業是否有足夠的潛在市場。

⑶**客戶的地域分佈。**一般說來，商業企業附近的客戶應是主要客戶群，如果失去了這部份客戶，對公司來說就是一個巨大的損失。

⑷**客戶的職業、就職企業及居住地。**通過這種分析，可以瞭解客戶的具體組成，並對客戶群進行細分，可以有針對性地開展廣告、促銷等活動。

⑸**客戶購買額的動態變化。**通過這種比較，可以知道客戶態度的變化，如果購買量下降，則要引起企業的重視。

⑹**根據商品對客戶進行分類。**比如，將客戶劃分爲食品客戶組、家電客戶組、服裝客戶組等，瞭解他們對不同商品的需求狀態，以此來調整生產和採購結構。

2. 設計有針對性的行銷手段

根據行銷數據所提供的信息對市場進行分類研究，在把握了市場的總體輪廓和不同細分市場的特點後，下一步就是思考如何針對各類市場的特點設計針對性的行銷手段。

八、針對行銷結果進行評估

1. 數據庫行銷的回饋

與傳統行銷手段相比，數據庫行銷更具有效果回饋功能。客戶通過回覆卡、電話、傳真等方式進行查詢、訂貨或是付款，這樣，相關信息就回饋到了行銷人員的手中，行銷活動的效果也就比較容易測定。一般來講，數據庫行銷回饋至少要包括以下幾個方面的內容。

⑴銷售業績回饋

你的銷售額比實施數據庫行銷策略前提高了嗎？提高了多少(絕對量/相對量)？通過實施數據庫行銷，市場佔有率增加了多少？銷售成本是增加了還是下降了？如果增加了，增加了多大幅度？下降了的話，下降的幅度又如何？企業總體的利潤是否達到或超過了預期的目標？消費者對企業和產品的忠誠度、親和度有明顯提高嗎？企業的貨款回收是否達到預期的目標，有無拖欠貨款現象？如果有，金額多少？佔總銷售額的比例如何？

⑵廣告效果回饋

有多少人收看(聽)到了你的廣告？看了廣告後有多少人對廣告留下了印象？多少人是因廣告的影響而產生購買動機的？廣告發佈以後產品的銷量是否得到了有效的提升？提升的幅度

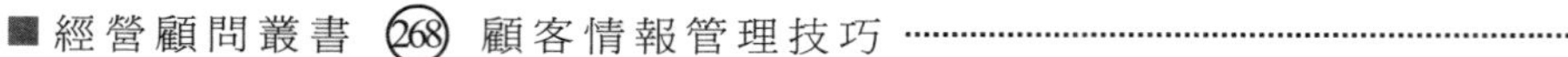

如何？廣告對提高企業和產品知名度有那些直接作用？在看到廣告後，又有多少敏銳察覺到我們的品牌或公司名稱的人？因爲看了廣告，在客觀及主觀上對購買我們的產品或服務產生好感的人增加了多少？因看了廣告而瞭解產品或服務的特性、優勢和利益的人增加了多少？

⑶**行銷決策回饋**

你的決策和主張是否超出公司能力的範圍？制定的策略執行時間表，是否和執行人討論過？決策有那些是和先行文化制度相抵觸的？是否有不合理的地方？這些不合理的地方佔整個策略和比重是否過高？決策與企業的戰略目標是否相符合？

⑷**資源整合能力回饋**

所有合作機構、人員的資源與既定的戰略是否合拍？雙方的目標和發展構想是否完全一致？資源的投入是否依目標、策略的方向進行？彼此間是否具有一致性？投入和產出的比例是否符合或者達到預定的戰略規劃和目標？資源是否全部得以合理利用，浪費在那裏？行銷資訊、計劃、控制、產品發展等系統運作是否正常？內部人才有多少真正在發揮作用，有多少人浮於事？

⑸**經銷商回饋**

經銷商的綜合經營實力如何？經銷商對整個市場的把握和控制能力如何？經銷商在經營上的創新和開拓能力如何？經銷商自營網路的管道建設如何？經銷商對資本運作的總體能力如何？經銷商對企業和政策的忠誠度和溝通能力如何？經銷商對企業的前景是否樂觀？

⑹行銷人員回饋

行銷人員的數量與素質是否能保證達成公司的目標，與競爭對手相比多還是少？行銷人員對自己從事的工作的熱愛程度、業務開拓能力如何？行銷人員與經銷商的配合和溝通能力如何？行銷人員是否依特性市場（如區域類、市場類、產品類）而加以組織？設定配額及評估績效的作業是否合理，是否有多項激勵行銷人員士氣的辦法？行銷人員的招募能力如何？薪金水準是否有足夠的吸引力？行銷人員的離職率是否偏高？有何改善對策？

數據庫行銷回饋的各方面，分別從銷售業績、廣告效果、行銷決策、資源整合能力、經銷商、行銷人員六個方面加以概括。實踐中情況可能複雜得多，也可能有所精簡（比如實施數據庫行銷的直銷公司的行銷回饋就很可能缺少經銷商回饋這塊內容），這取決於公司的規模大小、業務特性和管理者的管理風格等定性、定量因素。

2.回饋情況的評估

行銷控制重要的一面是將市場回饋回來的信息與事先設定的控制標準進行比較，這需要對市場回饋回來的信息利用合理的方法進行評估。也就是說，雖然我們已經獲得了前述行銷回饋信息，但爲了確定數據庫行銷實際執行的效果，還需要對回饋情況進行評估。對數據庫行銷回饋情況進行評估的方法主要有以下幾種：

⑴利益相關分析

利益相關分析是針對企業產品而言的一種分析評估方法

（如新產品開發的預測和分析），是剛剛發展起來的一種較爲複雜的觀念測試形式，使行銷人員能自行分析評估各種觀念。此程序是在描述產品屬性和進行多重利益分析或聯合分析。利用利益相關分析的具體步驟爲：

①列出產品特性。

②列出各種特性的情況定義。

③選擇實驗設計以提供情況組合給消費者，這些組合是提供利益相關判斷的基礎。

④各屬性的聯合組合選擇排列次序。

⑤個人次序選擇的統計應用以發展其效用函數：即對各個要研究的屬性的情況給予相對值。

⑥在其效用函數和現有的產品和各種屬性情況下，發展市場類比以預測消費者的市場選擇。

⑵**德爾菲爾法**

德爾菲爾法是一種集預測和研究爲一體的專家評估方法，是一種涉及衡量和控制有關將來情況的判斷。在缺乏足夠的市場統計數據，而且市場環境也變化較大，難以用一般方法評估的項目中，可以使用德爾菲爾法。該方法一般採用函詢的方式，首先寄發調查表，以無記名的方式分別徵求每位專家的意見，然後將其歸納、整理形成新的表格後再回饋給每位專家。經過幾輪的徵詢和回饋，使各種評估意見逐步趨於集中，從而得出一個比較統一的評估結果。

該方法有許多優點：首先，專家之間由於背靠背調查，避免了相互之間的心理影響；其次，不受主持人的干擾；最後，由於採用通訊方式，費用較低。當然，此方法的缺點也是顯而易見的：受人的主觀因素影響較大，耗時較長。

⑶**投資回報衡量**

這種方法主要用在對銷售額和收入的評估上，具體來講，銷售額和收入可以用下列方法進行計算評估：

①過去和目前產品的銷售額和假定銷售額是類似產品類型的目標市場佔有數額的某一百分比。

②決定推薦產品的市場潛勢和假定計劃的促銷、配額強勢、價格策略等實行之下的市場的某一百分比。

③決定類似產品的銷售額。

④成本的決定，包括計算人工、原材料、製造費用、行銷費用、管理費用的成本，使用類似產品的成本數額作爲衡量標準。

⑷**相關資料收集**

通過收集相關資料做出行銷評估。資料收集的途徑很多，首先，政府統計部門(如人口統計資料、輸出資料等)、大學研究機構和提供商業資訊的私人機構，以及主要銀行都提供資料以做出對過去產品銷售分析(利潤、競爭力量和弱點、市場潛力等分析)。其次，可以收集來自市場調查公司、各類報刊及行業協會的一些數據，以及對來自用戶、消費者及相關機構的反映進行統計分析，提供一部份資料。最後，可以基於公司銷售額和財務報表資料的整理分析。

⑸**請專家評估**

由專家、學者和企業負責人共同對市場回饋回來的信息進行分析評估的方法，簡稱專家會議法。此方法簡便易行，即通過開會討論廣泛交換意見，相互啓發、爭論、集思廣益，彌補個人的不足。但此方法也有缺陷：權威人士的意見可能對與會專家心理上造成影響，另外，主持人的干擾不可避免。

3.回饋與銷售效果的比較

評估行銷效果的最後一步是將市場回饋情況與銷售效果進行比較。

有了客戶的資料，下一步就是怎樣來加工數據，從而獲得相應的結果。在客戶數據管理系統中，通常將客戶分爲幾個類別(A～D)，再進行深入分析。比如A類客戶每年的消費標準是怎樣的，D類客戶又是如何？A類客戶的消費習慣和決策過程是怎樣的，消費週期如何？不同的企業關心的重點略有不同，但是有了完整和真實的原始數據，這些需求總能夠從數據庫的分析中得出結論。

心得欄 ----------------------------------

第 5 章

數據庫常使用的行銷工具

資料庫常使用的行銷工具有直郵行銷、電子郵件（E-mail）呼叫中心、電話行銷、手機短信、損益分析等。

數據庫的建立是數據庫行銷的基礎，也是確立數據庫行銷優勢的一個重要環節，所以在收集數據的過程中必須設計最佳收集方案，以確保數據的真實、高效。

一、直郵行銷

1.直郵的概念

DM(Direct Mail Advertising 的)直譯爲「直接郵寄廣告」，又稱直郵廣告，是指通過郵政線路把印刷品(如產品說明書、產品目錄、函購單、書刊徵訂單以及各類具有宣傳作用的傳單)有選擇地投遞到用戶和消費者手裏，以達到宣傳、銷售產品目的的廣告。

DM 不僅指郵政的商業信函廣告，而且還包括郵送廣告、企業形象郵件(企業明信片、拜年卡、郵資封)、手機短信廣告、Internet 郵箱廣告、俱樂部行銷廣告(含網上論壇互動、網上網下活動、會刊交流、各種優惠服務)等。

直郵廣告作爲新興廣告媒體，以其目標明確、費用低廉等顯著特點，在地域遼闊、交通不便、郵費低廉，這種銷售環境特別適合企業利用遍及全國城鄉各個角落的郵政管道來銷售自己的產品和服務。

DM 就像「長翅膀的銷售人員」飛向成千上萬的家庭。DM 廣告一直被一些大品牌作爲大眾媒體必不可少的有益補充，而一些中小企業，特別是做高端產品的中小公司多將其作爲重點媒體工具。

圖 5-1 簡單列示了行銷活動中的直郵行銷流程圖。

圖 5-1　直郵行銷流程圖

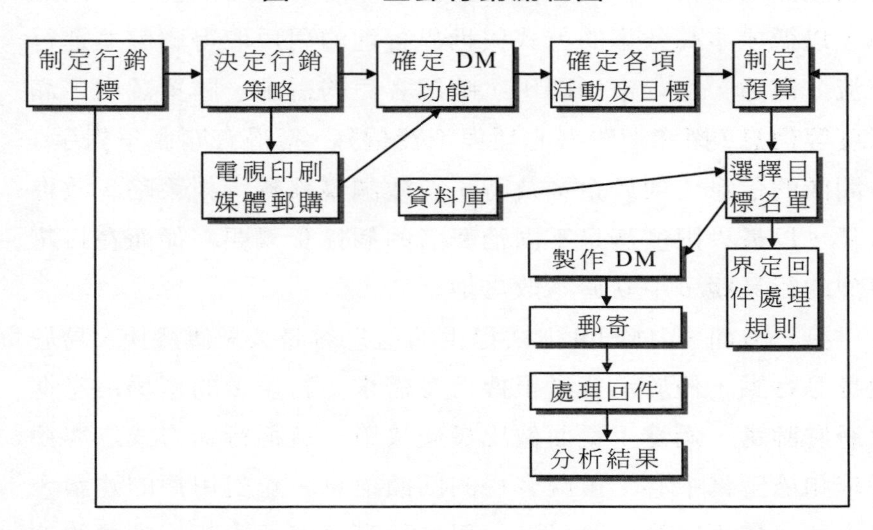

2. 直郵的特點與競爭優勢

DM 行銷方式之所以在國外能獲得如此迅速的發展，爲越來越多的商家和消費者接受並採用，主要是因爲它自身具有以下特點和優勢：

⑴增強企業競爭力與消費者購物的理性、主動性

傳統的商業流通模式僅僅是信息的單向傳遞，企業將其產品和服務信息傳遞給消費者，而消費者的意見和建議難以準確、及時地回饋給企業，從而無法順利實現信息的雙向傳遞和交流，對企業提高自身競爭力、實現持續健康發展十分不利。DM 恰恰彌補了這一不足，其獨特優勢即實現消費者與企業的即時互動：

一方面企業通過多種媒體發佈產品與經營信息，加強客戶對其產品的價格、款式和性能特徵的瞭解，還可以借助網路通訊，以低成本高效率的方式與世界各地的用戶取得聯繫並進行交流、溝通，進行市場調研，瞭解客戶的需求、購買意向、滿意度等信息，探究消費者心理與消費偏好，獲得有關競爭對手、中間商的信息，便於企業及時、有效調整經營行銷策略，改進產品，以最大限度滿足不同消費者的個性化需要，從而在日趨激烈的行業競爭中立於不敗之地。

另一方面，由於 DM 方式提供的信息容量大、傳播快、易於搜尋等特點，便於消費者根據自身需求，對眾多的市場信息進行層層篩選、過濾，從而做出最佳決策。這種行銷方式以客戶需求和慾望為中心，重視客戶的回饋信息，並對用戶的建議、要求做出積極回應，可以最大程度地滿足客戶求新、求變的消費心理，有效激發消費者購物的積極性，使其直接參與到產品的生產與流通過程中，更刺激了消費者的購買需求。

⑵節約消費者大量購物時間和購物成本

現代社會競爭日趨激烈，生活節奏加快，時間對於每個人也更顯寶貴。而消費者為了滿足日常消費需要，不得不經常到商場、超市購物，浪費許多時間。由於時間機會成本和交通費用的上升，都將帶來購物成本的提高，使消費者出門購物十分不經濟。DM 銷售方式既可以為消費者節省大量購物時間，降低購物成本，又能使消費者享受「足不出戶，網上購物」的樂趣，獲得便利、快捷的優質服務。

⑶降低企業的銷售成本

DM 作為無店鋪行銷方式，直接面向消費者，不需要門面和大批量地庫存產品。這樣企業就不需投入大量的資金進行固定營業設施的租用和維修，同時節約了大量庫存費用，實現零庫存銷售，還節約了中間環節的損耗，從而降低了企業的運營成本。企業就可以騰出更多的時間、精力和資金投入產品的生產過程，不斷改進產品款式、完善其性能，製造出更暢銷的產品，以獲取更豐厚的利潤。消費者也可以以較低廉的價格獲得所需的產品和服務。

⑷**突破時空限制**

採取DM行銷方式的企業為消費者提供全天候服務，不受時間限制和空間阻隔，而客戶可以在任何時間、任何有電腦終端設備的地方上網訪問，進行挑選、比較、諮詢、下訂單以及直接付款等一系列操作，與網上企業進行對話式交流，隨時隨地享受快捷、優質服務，企業則可在更大、更廣範圍內完成其產品的信息流和商流，達成更多交易。

3. **直郵的要素**

要做好一份直郵工作，首先要瞭解直郵活動的幾個要素：

⑴**信函**。直郵應包含一封直接溝通的信函，沒有信函或其他的書面溝通，直接郵寄能否取得成效是值得懷疑的。

⑵**信封**。在一些情況下，需要在信封上動動腦筋，以吸引客戶打開信封。如何使用信封沒有固定的方式，取決於郵寄活動的目的和成本。

⑶**回應機制**。直郵活動中，回應機制的重要性僅次於信函。在多數情況下，特別是直接郵售產品或服務時，郵件中應包含有關如何進行回饋的描述。而且，回應機制也能幫助客戶與公

司進行對話，使客戶能有機會與公司進行聯繫。

⑷**商品目錄和小冊子。**對有些公司來說，直郵的惟一目的是將其銷售宣傳品寄給潛在客戶，所以直郵包裏應有相應的商品目錄和小冊子。

⑸**價目表。**郵件中也應包括單獨的價目表，在公司定期調整價格時尤其如此。使用單獨的價目表時，公司不需要花費較高的印刷成本來重新印刷整本的目錄和小冊子。

⑹**促銷品。**許多公司將直郵作爲整體行銷傳播計劃的一部份，與促銷技巧聯合使用。促銷品如免費樣品、優惠券、免費嘗試、中獎卡和試銷品等都有利於增加吸引力。

圖 5-2　DM 信函的基本形態及內容

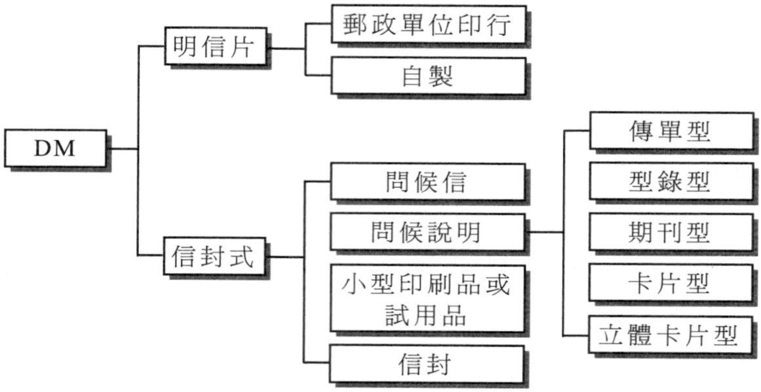

- DM
  - 明信片
    - 郵政單位印行
    - 自製
  - 信封式
    - 問候信
    - 問候說明
      - 傳單型
      - 型錄型
      - 期刊型
      - 卡片型
      - 立體卡片型
    - 小型印刷品或試用品
    - 信封

4.**直郵的步驟**

⑴**製作有效的信函**

①使用信頭和信腳。普通信件中的信頭和信腳包含大量的信息，過多的信息擠在一起易造成閱讀者注意力的混亂，很難將信息進行區分，所以信頭應盡可能簡潔並使客戶感到方便。

利用信腳可以傳遞一些簡短信息。

②篇幅。原則是切忌重覆囉嗦，力求簡潔。

③使用問候語。這是一種能增加親近感的介紹方式。問候語應恰當使用，並注意收信人的感受，讓收信人會因此願意進行溝通。

④使用標題。像海報一樣敍述事情實質並激發客戶閱讀興趣的標題，可以幫助客戶瞭解可以獲得的利益。

⑤使用副標題。將正文分成易讀的段落，並給每段加上一個副標題。副標題是對每段內容的濃縮，客戶可以從中選擇自己需要的信息。

⑥下劃線和黑體字。這樣能吸引客戶的視線，並強調有關部份的重要性，但頻繁使用會降低效果，並影響信函的整潔。

⑦使用色彩。與下劃線和黑體字一樣，不要過於頻繁使用色彩。此外，色彩必須與產品或服務的基調一致。

⑧寫作風格。掌握以下技巧能提高可讀性和回饋率：使用具有戲劇效果的首起段落；以私人的語氣寫作；讓客戶瞭解寄信人的期望；讓讀者首肯；有一個清晰的結構。

⑵郵寄名單的編輯和挑選

不要在最後時刻才想到編制郵寄名單，郵寄名單有兩種主要來源：一是從外部獲得，二是內部自編。

從外部獲得的名單主要包括：回信人名單，這是過去對直郵做出反應並查詢或購買有關產品和服務的客戶；讀者名單，這是來自雜誌的訂閱者或贈閱者，對於某些市場來說，特別是在企業對企業的領域，它是與特定目標客戶取得聯繫的好方法；編輯名單，這類名單由專業公司編輯，通常按地理人口統計特徵或生活方式分類；公司名單，這類名單的主要資料來源是各公司註冊處和職業註冊辦公室，如工商部門等。

內部自編名單包括：現有客戶資料；以往查詢者的資料；廣告回饋人員的資料。各公司的性質和從業領域不同，可以使用的資料也不同。有些公司甚至可以使用會計和人事部門的資料。

除了收集名單外，還應檢查名單是否合適，應注意以下幾點：對於消費者名單，檢查地址、檢查姓名、職務和性別、瞭解名單上次更新的頻率和方法、瞭解名單來源；對於公司名單，檢查公司可用位址、公司規模標準、財務狀況、企業經營者的個人姓名或工作職務。

⑶**系統地組織直郵活動**

①設定行動目標。盡可能設定具體的行動目標，這是決定行動是否成功的惟一方法。

②設定預算。預算水準決定行動的特點及範圍。建議在整個計劃過程中至少有一個抽象的估算數，以指導行動發展進程。

③明確目標客戶。瞭解有關目標客戶，包括定性和定量的所有細節和信息。這一階段所囊括的資料越多，最終的反應率就越高。

④發展創意郵包。這是發展計劃中最花時間的部份，此階段結束時郵件的外型及內容都應確定下來。

⑤研究郵件包。盡可能對郵件包模型進行研究，以檢測它是否按計劃進行溝通。

⑥製造郵件包。這可能涉及到幾個不同的供應商的合作，比如印刷商、設計員等。

⑦發送郵件包。可以由內部員工或通過郵局或電子郵件的形式來發送郵件，如圖 5-3 所示。

⑧分析回饋。檢測這次行動的成果。

圖 5-3　DM 寄發方式簡圖

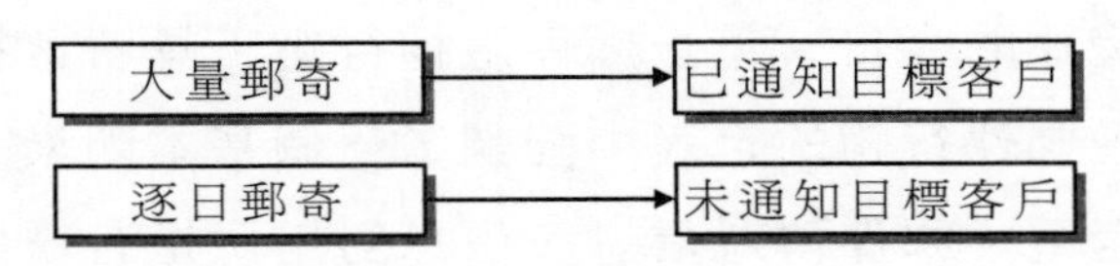

⑷直郵活動的統籌安排

最後，應決定由誰來對整個直郵活動負責，進行統籌安排。借鑑國外經驗，一般來說有兩條途徑可供選擇：市場行銷部門單獨負責和「專家」參與負責。這兩種方法各有優缺點。市場行銷部門單獨負責無須增加員工，且能保證整個行動的連續性，沒有內部衝突，可以有效處理協調不同意見。但是，部門工作也許已經很緊張，沒有足夠的時間全力投入開展一項新的溝通計劃，還可能由於不熟悉業務無法充分開發直郵的潛力。

由專家參與負責可以深入瞭解直郵行動的程序及運籌，可減少失誤及時間的浪費，另外，在長期運作中，專家單獨負責制可能更有效。由於僱用新人員會產生額外費用，立即產生回報是不可能的，因此短期內難以判斷直郵的作用。因此究竟選擇那一種方式，要視具體情況而定。

二、電子郵件（E-mail）

1.電子郵件行銷的概念

電子郵件行銷是在用戶事先許可的前提下，通過電子郵件的方式向目標用戶傳遞有價值信息的一種網路行銷手段，在電腦網路日益發達的今日，電子郵件這種行銷工具將會被企業大力重用。電子郵件行銷的定義中強調了三個基本因素：基於用戶許可、通過電子郵件傳遞信息、信息對用戶是有價值的。

按照發送信息是否事先經過用戶許可來劃分，可以將電子郵件行銷分爲許可電子郵件行銷和未經許可的電子郵件行銷。未經許可的電子郵件行銷就是通常所說的垃圾郵件，正規的電子郵件行銷都是基於用戶許可的。

可見，開展電子郵件行銷需要解決三個基本問題：向那些用戶發送電子郵件、發送什麼內容的電子郵件，以及如何發送這些郵件。而這三個基本問題可進一步歸納爲電子郵件行銷的三大基礎，即：

⑴**電子郵件行銷的技術基礎。**從技術上保證用戶加入、退出郵件列表，並實現對用戶資料的管理，以及郵件發送和效果跟蹤等功能。

⑵**用戶的電子郵件位址資源。**在用戶自願加入郵件列表的前提下，獲得足夠多的用戶電子郵件位址資源，是電子郵件行銷發揮作用的必要條件。

⑶**電子郵件行銷的內容。**行銷信息是通過電子郵件向用戶

發送的，郵件的內容對用戶有價值才能引起用戶的關注，有效的內容設計是電子郵件行銷發揮作用的基本前提。

當這些基礎條件具備之後，才能開展真正意義上的電子郵件行銷，電子郵件行銷的效果才能逐步表現出來。

這裏有必要指出的是，電子郵件行銷是一個廣義的概念，既包括企業自行開展建立郵件列表開展的電子郵件行銷活動，也包括通過專業服務商投放電子郵件廣告。

2.**電子郵件行銷的主要功能**

⑴**品牌形象**

電子郵件行銷對於企業品牌形象的價值，是通過長期與用戶聯繫的過程中逐步積累起來的，規範的、專業的電子郵件行銷對於品牌形象有明顯的促進作用。品牌建設不是一朝一夕的事情，不可能通過幾封電子郵件就完成這個艱巨的任務，因此，利用企業內部列表開展經常性的電子郵件行銷具有更大的價值。

⑵**產品推廣**

產品，服務推廣是電子郵件行銷最主要的目的之一，正是因爲電子郵件行銷的出色效果，使得電子郵件行銷成爲最主要的產品推廣手段之一。一些企業甚至用直接銷售指標來評價電子郵件行銷的效果，儘管這樣並沒有反映出電子郵件行銷的全部價值，但也說明行銷人員對電子郵件行銷帶來的直接銷售有很高的期望。

⑶**客戶關係**

與搜索引擎等其他網路行銷手段相比，電子郵件首先是一種互動的交流工具，然後才是其行銷功能，這種特殊功能使得電子郵件行銷在客戶關係方面比其他網路行銷手段更有價值。與電子郵件行銷對企業品牌的影響一樣，客戶關係功能也是通過與用戶之間的長期溝通才發揮出來的，內部列表在增強客戶關係方面具有獨特的價值。

⑷**客戶服務**

電子郵件不僅是客戶溝通的工具，在電子商務和其他信息化水準比較高的領域，同時也是一種高效的客戶服務手段，通過內部會員通訊等方式提供客戶服務，可以在節約大量的客戶服務成本的同時提高客戶服務品質。

⑸**網站推廣**

與產品推廣功能類似，電子郵件也是網站推廣的有效方式之一。與搜索引擎相比，電子郵件行銷有自己獨特的優點：網站被搜索引擎收錄之後，只能被動地去等待用戶檢索並發現自己的網站，通過電子郵件則可以主動向用戶推廣網站，並且推薦方式比較靈活，既可以是簡單的廣告，也可以通過新聞報導、案例分析等方式出現在郵件的內容中，獲得讀者的高度關注。

⑹**資源合作**

經過用戶許可獲得的電子郵件位址，是企業的寶貴行銷資源，可以長期重覆利用，並且在一定範圍內可以與合作夥伴進行資源合作，如相互推廣、互換廣告空間。企業的行銷預算總是有一定限制的，充分挖掘現有行銷資源的潛力，可以進一步擴大電子郵件行銷的價值，讓同樣的資源投入產生更大的收益。

⑺市場調研

利用電子郵件開展在線調查是網路市場調研中常用的方法之一，具有問卷投放和回收週期短、成本低廉等優點。電子郵件行銷中的市場調研功能可以從兩個方面來說明：

一方面，可以通過郵件列表發送在線調查問卷。同傳統調查中的郵寄調查表的道理一樣，將設計好的調查表直接發送到被調查者的郵箱中，或者在電子郵件正文中給出一個網址鏈結到在線調查表頁面，這種方式在一定程度上可以對用戶成分加以選擇，並節約被訪問者的上網時間，如果調查對象選擇適當且調查表設計合理，往往可以獲得相對較高的問卷回收率。

另一方面，也可以利用郵件列表獲得第一手調查資料。一些網站爲了維持與用戶的關係，常常將一些有價值的信息以新聞郵件、電子刊物等形式免費向用戶發送，通常只要進行簡單的登記即可加入郵件列表，如各大電子商務網站初步整理的市場供求信息、各種調查報告等等，將收到的郵件列表信息定期處理是一種行之有效的資料收集方法。

⑻增強市場競爭力

在所有常用的網路行銷手段中，電子郵件行銷是信息傳遞最直接、最完整的方式，可以在很短的時間內將信息發送到列表中的所有用戶，這種獨特功能在風雲變幻的市場競爭中顯得尤爲重要。電子郵件行銷對於市場競爭力的價值是一種綜合體現，也可以說是前述七大功能的必然結果。充分認識電子郵件行銷的真正價值，並用有效的方式開展電子郵件行銷，是企業行銷戰略實施的重要手段。

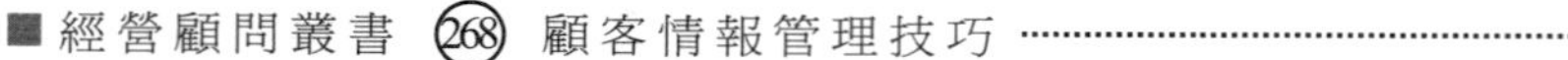

3. **電子郵件行銷的步驟**

第一步：要讓潛在客戶有興趣並感覺到可以獲得某些價值或服務，從而加深印象和注意力，值得按照行銷人員的期望，自願加入到許可的行列中去(就像第一次約會，爲了給對方留下良好印象，會花大量的時間來修飾自己的形象，否則可能就沒有第二次約會了)。

第二步：當潛在客戶投入注意力之後，應該利用潛在客戶的注意，比如可以爲潛在客戶提供一套演示資料或者教程，讓消費者充分瞭解公司的產品或服務。

第三步：繼續提供激勵措施，以保證潛在客戶維持在許可名單中。

第四步：爲客戶提供更多的激勵從而獲得更大範圍的許可，例如給予會員更多的優惠，或者邀請會員參與調查，提供更加個性化的服務等。

第五步，經過一段時間之後，行銷人員可以利用獲得的許可改變消費者的行爲，也就是讓潛在客戶說，「好的，我願意購買你們的產品」，只有這樣，才可以將許可轉化爲利潤。

當然，從客戶身上賺到第一筆錢之後，並不意味著許可行銷的結束，相反，僅僅是將潛在客戶變爲真正客戶的開始，如何將客戶變成忠誠客戶甚至終生客戶，仍然是行銷人員工作的重要內容，許可行銷將繼續發揮其獨到的作用。

4. **電子郵件數據庫行銷**

(1)**電子郵件數據庫概念**

數據庫行銷主要是透過長期數據庫的經營分析與有效應

用，深入瞭解客戶的購買行為。大型的數據庫經營與分析往往需要花費龐大的預算與人力成本，掌握數據庫的核心精神與善用網路工具。利用類似 Outlook 簡單發信軟體的方法，簡易的電子信箱數據庫行銷卻是任何企業與個人可以輕易達成的目標。數據庫行銷所需要的要素簡列如下：

①建立一個良好的數據庫。

②選擇適當的目標群。

③設定行銷目標與目的。

④使用電子(報)行銷的程序與計劃。

⑤準備適當的素材與內容。

⑥提供訂閱與取消訂閱的服務機能。

⑦創造回饋與互動。

⑧提供分眾個別式的服務。

⑨建立信賴感忠誠度。

⑩創造商機附加價值。

⑵建立電子郵件數據庫

一般而言，當中小企業提到網路行銷時，往往會將所有的目光投注在網站的建設經營上，而忽略了電子信箱行銷的強大效益，相當可惜。因此，數據庫的資料來源不外乎傳統的管道與網站會員或是活動註冊所得。一般而言，通過網路所取得資料，大多需要通過網站長期的經營與創新的網路活動而來，往往所費不貲。

多數公司或是業務人員現成就擁有多個名冊、名片與客戶數據庫，隨著使用網路的普及，善用現有的數據庫，便可將公司的客戶，媒體清單、上下游廠商，協力廠商，以及其他資源完成建檔。現在可以善用網路與電子信箱，輕鬆展開網路行銷，未來結合網站則可以重新與之建立規律有效率的互動與聯繫管道。

電子信箱或是電子報的數據庫行銷經營所需花費的成本不高，任何一個企業甚至個人都可以輕易達成。在不景氣的時候，善用數字工具，帶給企業與個人的不僅是成本的節省，更是商機的創造。

⑶適當的目標人群設定

在做數據庫行銷時，必須做好良好的群組分類，利用客戶或是相關資源的背景有效分類。良好的社區分類更應該包括背景分類、區域、性別、產品喜好以及關係進程。正確完整的分類會提供未來使用的精確度與擴展使用的良好基礎。

電子信箱只是一種工具，用來滿足數據庫等相關的行銷需要，設定數據庫行銷可以客戶行銷銷售爲主，也可以以客戶關係維護爲主，甚至與外部資源的推廣公關，都可以是數據庫行銷的應用範圍。

⑷電子郵件行銷別淪為垃圾郵件

雖然電子信箱具有便利溝通、使用低廉、即時個別互動等優點，但千萬不可淪爲垃圾信件。什麼是垃圾信件？簡單地說，就是人們不想收到的信件，最常見的，便是廣告垃圾信件。

因此，郵件內容的規劃十分重要，務必以收信者的需求爲考量，不要因爲網路動員簡單容易，便輕易將不適當的內容寄給網友，否則還沒有嘗到網路行銷的好處，便已經在網路上惡名昭彰，背負散發垃圾信件的惡名，對個人或企業留下不良印象。

平時關係的經營可以採取不定時方式經營，具有機動彈性，不必等待與高成本即可開始。希望定期長期建立關係的對象，應該以電子報模式經營，選定適當的題材，以訂閱方式，提供客戶或是有關資源的互動元素。

⑸**尊重網友的選擇權**

網路充滿虛幻，往往容易忽略對別人應有的尊重與禮儀，在進行電子信箱數據庫行銷的過程中，首先要注重對行銷對象的尊重。第一封信適當的開場白說明，註明完整公司聯絡資料，提供訂閱與取消訂閱的功能，進而提供一對一的互動機制，是**建立忠誠關係的重要法門。**

5. **電子郵件行銷常見問題**

⑴**並非完全基於用戶許可**

正規的電子郵件行銷是完全基於用戶許可的，即在用戶註冊時採用雙向確認方式，這已經成爲電子郵件行銷領域的行業規範。有些電子郵件用戶數據庫以「自願退出」方式來獲取用戶電子郵件位址資源(發送未經用戶許可的電子郵件，在郵件中給出退訂方法，如果用戶不願意繼續接收郵件，可以自己退出，否則將繼續收到郵件)，這種方式無論是否允許用戶「自願退出」，都帶有一定的強迫性，與電子郵件行銷的許可原理有一定的距離。

⑵**過量收集用戶關心的個人信息**

當需要用戶提供詳細個人信息時，僅僅公佈個人信息保護政策還不足以完全讓用戶放心地註冊，除了電子郵件位址外，一些服務提供商可能還要求填寫詳細的通信地址、真實姓名、電話、職業等信息，甚至還會要求用戶對個人興趣、性別、收入、家庭狀況、是否願意收到商品推廣郵件等做出選擇。但很明顯的是，要求用戶公開個人信息越多，或者是用戶關注程度越高的信息，參與的用戶將越少。爲了獲得必要的用戶數量，同時又獲取有價值的用戶信息，需要在對信息量和信息受關注程度進行權衡，盡可能降低涉及用戶個人隱私的程度的同時，儘量減少不必要的信息。

⑶電子郵件發送系統功能不完善

電子郵件訂閱發送系統的主要問題表現爲，用戶無法正常註冊、無法退出列表、無法直接回覆郵件、用戶資料管理不方便等。此外，即使發送系統運轉正常，也會因爲訂閱手續複雜等原因而使用戶中途放棄，比如有複雜的確認手續，涉及到敏感的個人信息、某些郵件地址被遮罩無法收到確認郵件等等，這些都應在實際工作中給予密切關注。

⑷電子郵件內容對用戶價值不高

從根本上來說，電子郵件的內容設計是一項複雜的工作，郵件數據庫真正產生影響是從用戶收到電子郵件開始的，如果內容和自己無關，即使加入了郵件數據庫，遲早也會退出，或者根本不會閱讀郵件的內容，這種狀況顯然是我們不希望見到的。電子郵件內容對用戶應該有價值，但這是一個很籠統的原則。有些服務提供商的郵件內容匱乏，有些則過於隨意，沒有一個特定的主題，或方向性很不明確，讓讀者感覺和自己的期望有很大差距。有的郵件廣告內容過多，真正有用的信息太少，或者各期內容之間沒有明顯的系統性，用戶對這樣的電子郵件服務很難產生整體印象，因而很難培養用戶的忠誠性，對於品牌形象提升和整體行銷效果都會產生不利影響。

⑸**郵件內容版面和格式設計不合理**

郵件內容除了有價値之外，還需要合理的格式選擇和版面設計，這不僅是爲了看起來美觀，郵件內容的設計也直接影響到行銷效果。但現實情況是，一些郵件的內容設計存在種種不合理之處，如版面設計雜亂、內容的重點不突出、郵件主題沒有吸引力或者與內容不符，郵件內容爲大量的產品介紹、部份郵件格式在用戶端無法正常顯示等等。另外，還有一種比較常見的問題是郵件內容過大，如一些電子商務網站的會員通訊，幾乎將網站首頁全盤複製到郵件中，甚至包含大量的廣告內容，這樣的郵件內容雖然方便了設計製作人員，但卻爲用戶帶來很大不便。這種內容龐大的郵件一方面說明服務提供商對電子郵件行銷不專業，另一方面也顯得對會員的體貼不夠，忽視了收件人的體驗滿意度，不僅難以維繫客戶關係，甚至會因此傷害客戶感情。

⑹**郵件內容要素不完整**

郵件主題、郵件內容、發件人、收件人等是電子郵件內容的基本要素，但一些電子郵件的內容卻存在不少問題，主要表現在發件人信息不完整或者沒有發件人的電子郵件位址、沒有收件人電子郵件位址等。有些電子郵件不能直接回覆，也沒有相關的回覆說明，這不僅爲用戶回饋信息增加了麻煩，對郵件行銷服務提供商也有一定的負面影響，如果明確發件人信息並且郵件可以直接回覆，不僅方便了用戶，對自己也增加了品牌宣傳的機會，同時也是區別於垃圾郵件的重要標誌之一。郵件主題或內容中沒有該郵件的名稱，電子郵件接收者無法在第一時間把握郵件的主題內容，也是造成郵件打開率低、回覆率低的主要原因。

⑺**沒有固定的郵件發送週期**

有些電子郵件行銷服務提供商，當自己需要向用戶發送信息時才想起郵件數據庫資源的重要性，平時根本沒有放在心上，有時可能每月發送若干次，有時甚至一年才有一、兩次，也許用戶早已忘記了自己什麼時候加入了郵件數據庫，卻莫名其妙地收到了某個服務商發來的郵件，這樣很可能會對企業品牌形象造成負面影響，也從根本上降低了電子郵件行銷的最終效果。因此，應該確定郵件發送週期，並認真履行。從另一個角度來考慮，就是在制訂郵件行銷策略時，要量力而行，如果沒有能力提供固定週期發行的內容，可採用不定期的會員通訊，雖然其效果略小一點，但總是好過在長時間內沒有向用戶發送郵件信息。

三、呼叫中心

1.呼叫中心的概念

呼叫中心最初起源於熱線電話，隨著商業與技術的發展，呼叫中心解決方案逐漸超越了原來那種售後服務中心、故障處理台的概念，呼叫中心正在成為現代企業進行客戶關係管理、數據挖掘、挽留客戶，瞭解和把握客戶需求最佳最有效的工具。

早在20世紀80年代，歐美等國的電信企業、航空公司、商業銀行等為了密切與用戶的聯繫，應用電腦的支援、利用電話作為與用戶交互聯繫的媒體，設立了「呼叫中心」，也可叫做「電話中心」，實際上就是為用戶服務的「服務中心」。

呼叫中心又叫做客戶服務中心，它是一種基於CTI技術、充分利用通信網和電腦網的多項功能集成，並與企業連為一體的一個完整的綜合信息服務系統，利用現有的各種先進的通信手段，有效地為客戶提供高品質、高效率、全方位的服務。

呼叫中心把傳統的櫃檯業務用電話自動查詢方式代替。呼叫中心能夠每天24小時不間斷地隨時提供服務，並且有比櫃檯服務更好的友好服務界面，用戶不必跑到營業處，只要通過電話就能迅速獲得信息，解決問題方便、快捷，大大增加了用戶對企業服務的滿意度。

表5-1　歐洲現有呼叫中心使用情況

應用	1996年	2010年
客戶服務	51%	58%
電話行銷	26%	27%
促銷	13%	12%
信息	4%	2%
其他	6%	1%

呼叫中心提供給市場經營者一個獨一無二的機會與客戶直接交流，每一個呼叫意味著一個重要的機會。建立呼叫中心，

對企業有以下優勢：

①提高工作效率。呼叫中心能有效地減少通話時間，降低網路費用，提高員工/業務代表的業務量，在第一時間內將有問題的用戶轉接到正確的分機上，通過呼叫中心發現問題並加以解決。

②節約開支。呼叫中心統一完成語音與數據的傳輸，用戶通過語音提示即可輕易獲取數據庫中的數據，有效減少每一個電話的長度。每一位座席工作人員在有限的時間內可以處理更多電話，大大提高了電話處理的效率及電話系統的利用率。

③選擇合適的資源。根據員工的技能、員工的工作地點，根據來電的需要、來電的重要性，根據不同的工作時間/日數來選擇最合適的業務代表。

④提高客戶服務品質。自動語音設備可以不間斷地提供禮貌而熱情的服務，即使在晚上，您也可以利用自動語音設備提取您所需的信息。而且由於電話處理速度的提高，大大減少了用戶在線等候的時間。在呼叫到來的同時，呼叫中心即可根據主叫號碼或被叫號碼提取出相關的信息傳送到座席的終端上。這樣，座席工作人員在接到電話的同時就瞭解到了很多與這個客戶相關的信息，簡化了電話處理的程度。這在呼叫中心用於客戶支援服務中心的時效尤爲明顯。

⑤帶來新的商業機遇。理解每一個呼叫的真正價值，提高效率、收益，提高客戶價值，利用技術上的投資，更好地瞭解您的客戶、保持與客戶的密切聯繫，使您的產品與服務更有價值。尤其是從每一次呼叫中也許可以捕捉到新的商業機遇。

2.通過呼叫中心實現「互動行銷」

呼叫中心發展到今天，其內涵已經不僅僅是提供電話支援和呼叫服務了，很多的呼叫中心作為企業與客戶的重要接觸點，已經承擔起了企業行銷策略的核心任務：電話銷售、客戶維繫、行銷管道管理、網路行銷管理等。在這個意義上，呼叫中心已不再是以前的呼叫中心，可以稱之為「互動行銷中心」。這個意義上的「互動行銷」有以下幾個特點。

⑴**統一了市場與銷售**

對於絕大部份企業而言，市場部門與銷售部門是兩個分開的部門，或是成本中心，或是利潤中心。這兩個部門目標不一致，評估標準也不盡相同，這種不一致可能導致了市場活動與銷售的脫節。這種脫節對企業的不利影響是不言而喻的。當市場部門與銷售部門對市場的瞭解不一致時，市場活動就不能得到銷售部門的全力配合，銷售部門的行動也得不到市場部門的有效支持，最終的結果往往是市場部把廣告費花光了，銷售部的銷售目標還遠遠沒有完成。通過呼叫中心整合市場與銷售兩個環節形成「互動行銷中心」可以很好地解決這個問題。「互動行銷中心」作為一個利潤中心，有效統一了市場與銷售兩個環節，使市場人員與銷售人員面對同一個銷售結果、同一個利潤目標。

⑵**行銷結果可衡量**

現有的行銷方式很多，除了傳統的廣告外，還有眾多的網路行銷方式，如網路廣告、迷你網站、電子郵件廣告、無線行銷、病毒式行銷等。沒有結合呼叫中心，這些行銷方式有著很大的局限性。在目前網上購物不成熟的環境下，沒有呼叫中心，網路廣告很難立即帶來購買力，也很難衡量這些行銷方式的效果。當我們還沉醉在數著廣告的點擊率、電子郵件的展信率的時候。擁有呼叫中心的「互動行銷」高手們已經在計算著所花每分錢的結果：每個點擊的投入？平均每個電話由多少個點擊帶來？平均每個電話帶來的銷售額？每一元廣告費帶來多少銷售額，利潤？這種行銷方式是否合理？那個環節可以提高？

⑶**行銷方式立體化**

單一行銷活動的結果是不能令人滿意的。僅僅通過傳統的行銷手段(直郵、展覽會等)通常只有 2%～5%的回饋率，僅僅通過網站、網頁及電子郵件等通常也只有 1%～3%的回饋率，通過呼叫中心實施立體式的行銷卻往往能達到 35%～40%的回饋率。在「互動行銷中心」，很少有單一的市場行銷方式，幾乎所有的市場行銷項目都採取多種方式結合的立體式行銷組合。直郵活動會輔以電話呼出的跟進、電話呼入會輔以電話呼出或直郵的回訪與跟蹤，有時一個大型的市場推廣會同時使用網路廣告、電話呼出、直郵、電子郵件及傳統廣告。這些都是由「互動行銷中心」主導並實施的。

⑷**銷售管道多樣化**

在很多公司，公司網站由技術部門來管理，網站也只是一個公司介紹，甚至連公司的聯繫電話都找不到。「互動行銷」高手們卻把網站當作是公司銷售的重要管道之一。戴爾公司認爲自己就是一個不折不扣的 ICP，戴爾網站每天的流覽量不亞於很多著名的門戶網站。因而，戴爾把公司的 800 電話號碼放在主頁最顯著的位置上，客戶可以直接在網上下單也可以通過網站提供的 800 電話打給呼叫中心，每天從網站上電話帶來的銷售額非常可觀。其實，在這些公司裏，電子化的管道都交給「互動行銷中心」統一管理，讓它來實施多樣化的銷售策略。「互動行銷中心」通過對這些管道的綜合運用，不僅進行直接的電話、網上銷售，而且可以管理代理商，並爲外部銷售代表提供銷售支援服務。這樣讓客戶有多種購買方式選擇的自由，而且作爲公司而言，公司可以通過「互動行銷中心」更好地管控多種銷售管道，進而發揮多種銷售管道的綜合優勢。

心得欄 ------------------------------

四、電話行銷

1. 電話行銷的概念

電話行銷出現於 20 世紀 80 年代的美國，隨著消費者爲主導的市場的形成，以及電話、傳真等通信手段的普及，很多企業開始嘗試這種新型的市場手法。電話行銷決不等於隨機打出的大量電話，靠碰運氣去銷售出幾樣產品。這種電話往往會引起消費者的反感，結果適得其反。

電話行銷是通過使用電話、傳真等通信技術，來實現有計劃、有組織、高效率地擴大客戶群、提高客戶滿意度、維護客戶等市場行爲的手法。成功的電話行銷應該使電話雙方都能體會到電話行銷的價值。

2. 電話行銷的優勢

(1)及時把握客戶的需求

電話能夠在短時間內直接聽到客戶的意見，是非常重要的商務工具。

通過雙向溝通，企業可及時瞭解消費者的需求、意見，從而提供針對性的服務，並爲今後的業務提供參考。

(2)增加收益

電話行銷可以擴大企業營業額。如賓館、飯店的預約中心，不必只是單純地等待客戶打電話來預約，如果去積極主動地給客戶打電話，就有可能取得更多的預約，從而增加收益。電話行銷是一種互動式的溝通，在接客戶電話時，不僅僅局限於滿足客戶的預約要求，同時也可以考慮進行些交叉銷售（銷售要求以外的相關產品）和增值銷售（銷售更高價位的產品）。這樣可以擴大營業額，增加企業效益。

⑶**保護與客戶的關係**

通過電話行銷可以建立並維持客戶關係行銷體系。但在建立與客戶的關係時，不能急於立刻見效，應有長期的構想，制定嚴謹的計劃，不斷追求客戶服務水準的提高。比如在回訪客戶時，應細心注意客戶對已購產品、已獲服務的意見，對電話中心業務員的反應，以及對購買商店服務員的反應。記下這些數據，會爲將來的電話行銷提供幫助。

通過電話的定期聯繫，在人力、成本方面是上門訪問所無法比擬的。另外，這樣的聯繫可以密切企業和消費者的關係，增強客戶對企業的忠誠度，讓客戶更加喜愛企業的產品。

3.**電話行銷與客戶數據庫的關聯**

數據庫行銷是基於數據尋找具備需求的客戶群，以此展開商務活動。數據庫的來源有兩種：企業自己積累或從外部購買。直接郵件的反應相對較低，一般在1%左右，絕大部份直接郵件都直接進了垃圾箱，而用電話來獲取資料則比直接郵件高效得多，人們難以當面拒絕。

企業主管應督促企業內相關業務人員，精於使用且勤於使用客戶信息庫的個別客戶信息，可產生以下特殊效果：

⑴電話行銷人員依個別客戶資料卡，獲知客戶實際交易情況及購買頻率，做主動電話促銷可主動展開業務接觸。

⑵行銷人員及企劃人員依客戶資料的交易狀況，掌握市場

狀況，發現市場發展趨勢，做出有力的回應。

(3)服務人員依個別客戶資料，做好必要售後服務，贏得客戶滿意。

(4)公關人員適時電話寒暄，維繫客戶感情。

諸如此類的市場活動，均源自「有效數據信息庫」的建立，故建立客戶數據庫並促使企業業務相關人員勤於利用客戶數據庫情報，是電話行銷的首要任務，如圖 5-4 所示。

圖 5-4　電話行銷與客戶數據庫關聯圖

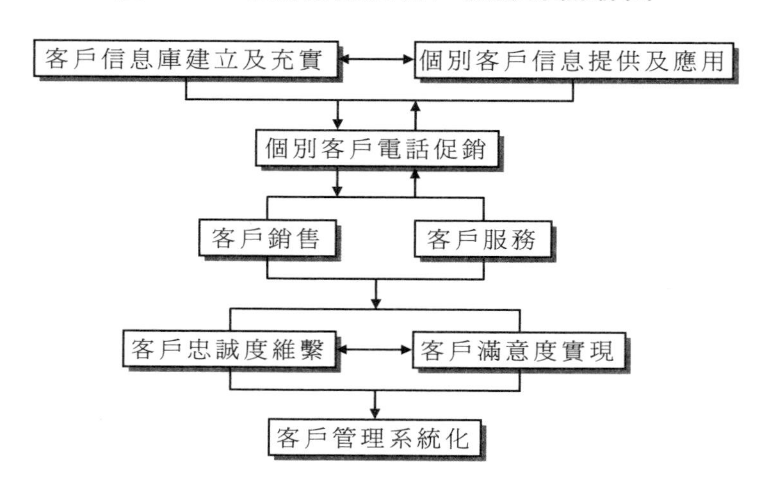

4.**電話行銷的關鍵成功因素**

(1)**準確定義你的目標客戶**

無論你是呼入式銷售，還是呼出式銷售，準確定義目標客戶都會增加電話行銷的成功率。企業一般通過各種媒介，包括各種廣告、信件等去影響可能的客戶。如果目標客戶定義不準，會出現兩種情況：一種是由於目標客戶定位的錯誤，使得很多的市場活動沒有取得應有的效果，致使電話呼入數量少，那樣的話，即使電話銷售人員再專業、成功率再高，銷售業績也不會很好；另外一種情況是電話呼出成功率低，因爲電話銷售人員每天接觸的客戶數量雖然大，但不都是可能的客戶。因此，準確定義目標客戶是電話銷售成功的基礎。

⑵**準確的行銷數據庫**

定義好目標客戶後，企業需要一個客戶數據庫。這個數據庫中的客戶資料越準確，電話銷售的效率就越高，成效也越明顯。這個數據庫的價值還在於企業可以不斷跟進客戶，隨時把握客戶的需求變化，客戶管理也容易許多。如果企業沒有這個準確的數據庫，可以想像電話銷售人員每天是如何工作的。他們可能將每天中最重要的電話溝通時間用來查找潛在客戶名單，工作可能沒有任何計劃而言，今天不知道明天要與那些客戶聯繫等等。更爲重要的是，由於數據庫不準確，他們打電話的成功率相當低，雖然他們的專業能力和電話溝通能力都很強，雖然他們每天也花相當多的時間在電話溝通上，但他們的無效電話很多，這使得他們的業績不理想，極大地影響了他們的信心和成就感，甚至可能導致他們的離職。

⑶**良好的系統支援**

系統支援包括電話系統、客戶跟蹤銷售管理軟體等等。如果是在呼叫中心進行電話銷售，那麼電話系統相對來講並不會成爲障礙。但對於那些剛剛從事電話行銷和銷售的公司而言，它們可能會有電話銷售人員，但公司卻一直以來都是用分機撥號，那可能會造成電話撥不通、撥不出等等，這不僅會造成效率下降，也會增加電話銷售人員時間被浪費的感覺，會傷害他們的成就感。時間久了，同樣會造成他們的離職。另外一個還需強調的就是客戶跟蹤銷售管理軟體。我們要求電話銷售人員將與客戶每一次通話的結果隨時輸入電腦系統中。一個合適的銷售管理軟體可以提高銷售效率，同時也便於管理層管理和分析客戶，制定合適的電話銷售策略。

⑷**各種媒介的支援**

包括廣告、信件直郵等，這屬於市場活動。市場活動的價值在於創造有明確需求的客戶，或者吸引有明確需求的客戶，市場活動做得好，電話呼入數量會增多，而一般主動找上門來的客戶談起來就容易多了。同樣，當市場活動做得好時，當電話銷售人員打電話給對方時，如果客戶之前已從各種途徑知道你的公司，那電話銷售人員做起工作來也相對容易多了。所以說，電話銷售不是孤立的，需要市場活動的積極支援和配合，雖然電話銷售從某種意義上來講也是在進行市場活動。

⑸**明確的多方參與的電話銷售流程**

電話銷售在很多情況下需要各個部門的配合和支持，尤其是在那些複雜銷售中，電話銷售人員需要和外部銷售代表、售前工程師等多人協調工作，如果這個流程不清楚、不明確的話，就會造成職責界定模糊。有些事誰都可以負責，但有些事誰都可以不負責，有時候會給客戶一種混亂的感覺。

例如，假設電話銷售人員的職責是尋找銷售的線索，有時候電話銷售人員確認是銷售線索，但外部銷售人員卻認爲銷售線索並不真實：在跟進客戶時，有時外部銷售人員與電話銷售人員也會出現溝通上的不順暢，可能會同時給同一個人打電話，探討同一件事，這都會給客戶造成不良印象。所以，一定要有一個明確的電話銷售流程，規範不同階段、不同部門、不同人的職責，同時加強各個部門之間的溝通。

⑹高效專業的電話銷售隊伍

最後一個關鍵的成功因素，就是企業要有一個高效專業的電話銷售隊伍。一個高效的電話銷售隊伍與幾個因素有關：銷售隊伍的招聘、培訓、激勵、組織體系管理和計劃等。擁有一支高效的電話銷售隊伍顯然是電話銷售成功與否的一個很重要的因素，因爲銷售是由電話銷售人員完成的，與客戶的關係是由他們來維持的，信任關係是由他們來建立的，很多客戶都是通過電話銷售人員而形成對供應商的第一印象的。

5.電話行銷優勢分析

⑴可控銷售成本

話費成本可控。在呼叫中心成本中，很重要的一項就是電話費用。呼叫中心績效性能 KPI 指標中，有一項指標爲「平均通話時長」。管理者可以通過這個指標與電話呼出總量的計算得出相應的話費成本。而傳統的行銷公司做不到這點，在有效控制話費成本上稍遜一籌。

人工成本可控，包括員工的工資、提成、福利等。根據呼叫中心實際運營的情況，通過 KPI 指標中「銷售成功率」，可以計算出單位時間內的人工成本，這樣可以對人工成本進行有效的預測。傳統電話行銷公司中成交率隨機性較強，絕大多數員工收入忽高忽低，業績差別較大，所以管理層在有效預測人工成本上也略顯遜色。

⑵**有效控制座席利用率，提高電話行銷代表的工作效率**

呼叫中心員工工作時間及現場相對集中，管理人員可以通過品質監控有效監控員工的工作狀態，控制員工情緒，提高座席的利用效率。公司無法監控員工外出時的工作情況和效率及每通電話的溝通品質，多數公司單憑業績來決定員工的優劣。

⑶**管理制度流程化，降低員工流失風險及損失**

在呼叫中心裏，會有一套非常完善的管理制度體系，包括現場管理制度、招聘培訓制度、業務流程體系、獎勵制度、服務品質考核制度等等。其中，更爲細節的甚至包括現場的小休制度及微波爐使用規定等等。

工作現場管理制度流程化，一切以制度爲準繩，所有現場員工的一言一行，一舉一動都要在「遊戲」的規則中進行。這樣，使管理層崗位職責明確，避免了相互扯皮、推卸責任的現象。現場管理不會因爲部份管理層的不在或者流失而影響呼叫中心的運營。

⑷**統一銷售流程，快速提升品牌形象**

銷售流程的規範在呼叫中心電話行銷有非常重要的意義，因爲在與客戶的整個溝通過程中，客戶無法與銷售代表或者企業進行直接面對面的溝通交流，對公司認知多存在一個感性的認識階段。銷售代表的聲音、形象，銷售流程的規範性，與銷售流程配套的市場協調、售後服務、物流操作直接影響到客戶對企業品牌的認知。完善專業的銷售流程，可以幫助企業快速提升品牌形象，提高客戶對企業的忠誠度。

⑸**易於監控銷售服務品質、保證客戶信息安全**

呼叫中心設立專職質檢員崗位，可以有效地對銷售服務品質進行跟蹤，對銷售代表的業務考核及業務能力的提高有直接影響。先進的電話行銷系統可以很好地管理客戶信息資源，對企業進行數據管理有非常理想的幫助，並有效控制客戶信息的保密程度。

⑹**更易於與客戶建立互動信任關係**

呼叫中心有專門的客戶服務部門。在客戶有問題的時候，有一個專業的團隊在為其服務。投訴、建議、售後服務都可以找到公司相關部門，並且可以通過系統很快查詢到客戶資料，以便快速解決問題。傳統的電話行銷公司，更多的時候是客戶在與業務代表進行互動，企業的管理層面無法準確地把握與客戶之間的關係。

⑺**準確快速細分客戶，更直接把握客戶需求**

通過先進的客戶關係管理系統對客戶進行細分，可以更加直觀地把握客戶不同時期的需求，實現準備的客戶定位，減少無效電話的數量。

例如，上海移動電話公司對其在網用戶的管理非常之細，在銷售某話費套餐的時候，可以很好地鎖定有潛在需求的客戶，這樣在銷售的過程中，針對性更強，成功率也隨之大幅上升。

五、手機短信

1. 手機短信的現狀

從程控電話開始至今，電信增值業務層出不窮，而像短信業務這樣，從業務推出開始，開創了電信業務市場的奇蹟。到目前爲止，還沒有一種電信業務像短信這樣受人們歡迎，業務量增長如此之快。

日本早在 2002 年就開始由廣告公司、電信運營商和內容服務提供商三方推動手機廣告的發展。許多大企業也開始嘗試在電視、報紙以外，同步運用手機刊登廣告，以吸引年輕消費者。

在印度，由於手機的普及率要比 PC 大得多，通過 SMS/MMS 付費的手機廣告發展非常迅速。曾以每月新增 40 萬訂閱用戶的速度增長。有人甚至預言，未來印度手機廣告的規模將超過網路廣告規模。

2. 手機短信的優勢

手機短信的優勢不但給人們的生活帶來了方便，而且也爲企業創造了一種新的行銷機遇。作爲一種新型的數據庫行銷工具，手機短信存在以下優勢。

(1)使用方便

作爲一種通訊產品，使用率是檢驗它是否便捷的一個重要工具。手機用戶若達到 2 個億，這意味著手機的普遍性。短信省略掉了人與人之間電話的客套和迂廻，更能夠打破地域的限制。只需按幾下，就可以把產品信息發送到客戶的手機上，讓客戶以最快、最方便的方式瞭解到產品的第一手資料。更重要的是，即使客戶關機或不在服務區內信息也不會丟失。

⑵價格便宜

各地不分遠近，廉價格是被它迷倒的原因所在。

⑶信息可長期存儲

發給客戶的信息只要客戶不刪除，就一直會保存在客戶的手機裏。

⑷互動性強

互動性強是短信的又一大特徵。客戶在看到短信時，可以就他們感興趣的一些問題與我們交流。

⑸時尚性強

一部好的手機可以顯示一個人的身份，這已經成爲一種社會現象，早已見怪不怪了。可見，手機短信也是一種時尚，利用短信開發客戶符合信息時代的潮流。

⑹付費方式先進

無論是充值還是直接到指定代理點付費都十分方便，而且有安全性保障。這也是被商家所看好的一個方面。

3.手機短信的特點

從技術實現上看，短信是以存儲轉發技術爲基礎實現的；從使用效果上看，短信是一種非即時的通信方式；從對環境的要求來看，短信對終端的狀態以及終端的功能沒有嚴格的要求，任何用戶終端均可以使用，用戶滲透率較高；從網路系統的角度看，短信業務是在現有移動通信網路基礎上推出的一種附加業務，只要在系統中建有短信中心，即可開通短信業務。

與電話、傳真等傳統電信和 Internet 等數據業務比較，短信業務取得成功的關鍵原因得益於以下幾個特徵。

⑴**移動化、個人化**

手機具有移動化、個人化的特點，可以自動漫遊。作爲手機上重要的電信業務，短信也具備移動化、個人化的特點。無論你身在何處，都可以發送和接收短信；無論用什麼樣的終端，只要有 SIM 卡/UIM 卡，都可以接收別人給你發送的短信，也可用你的號碼給別人發送。短信業務的移動性、個人化、自動漫遊是其成功的基本因素。

⑵**離線編輯**

當需要給朋友發送短信的時候，首先進行的是短信的編寫。這時候，只需在自己的手機上編輯短信的內容，可以反覆修改，並不需要佔用網路資源。只有發送短信的瞬間，手機和通信系統才建立聯繫，進行通信。短信的編輯過程，完全由手機用戶來掌握，用戶可以自己做主。短信具備了類似電子郵件的離線通信的重要特徵，不受關機、網路信號不好等各種因素的影響就能完成非同步通信。傳統的電信業務，如電話通話，必須在線、即時連接。

⑶**短小，精悍的文字傳遞**

短信是一種通過無線方式傳遞的信息，可以保存在手機中，方便人們隨時查閱，傳播方便快捷。言簡意賅，表現力強，在很短的篇幅內，容易表達複雜的意思，這就註定了短信具有良好的市場基礎。

⑷**交互性好、發送時間短，佔用資源少**

短信的交互性包括用戶終端之間的交互性和用戶終端和SP之間的交互性。短信具有較好的業務交互性，非常適合進行互動，像電臺短信交互，媒體交互，具有非常強的業務滲透能力。這些新的業務形態也促進了傳統行業的轉型和發展，反過來，這些新的業務形態又促進了短信業務本身的發展。

短信的格式固定，信息長度短，根據短信的發送機制，只在發送時與系統建立連接關係，發送時間短，對系統資源佔用少。

⑸**按條計費，價格低廉**

在業務開展初期，短信的收費方式與手機通話的收費方式相似，月租按條計費。現在，取消了月租，用戶無需到營業廳開通就可以發送和接收短信。

短信業務實現按條收費的方式，每成功發送一條，由發送方支付，接收方不付費，發送短信不再另外支付通話費。

⑹**存儲轉發**

短信系統與一般的通信系統不同，系統中設有短信中心，它是提供短信業務的核心。

發送短信不受對方是否開機的限制，即使對方關機，短信中心會把短信存儲在短信中心，當對方開機以後，短信中心會從通信系統查看到用戶已經開機的狀態，並及時把短信送到對方的手機上，讓他看到短信。

⑺**速度快，準確，安全**

短信從發送到接收，在正常開機的情況下，10 秒之內即可完成，不受用戶是否在接聽電話的影響，速度快，可靠性高。

短信以信令網爲基礎，而信令網在各種電信網路中，是電信網的神經中樞，自成一體，系統獨立、安全，可靠性高。可以說，短信是通信業務中安全性最高的業務之一。

4. 手機短信的商務價值

手機短信作爲一種新型的通訊工具，自從近幾年來呈現普及化的趨勢之後，很快就被商家所挖掘，迅速成爲一種商用工具，產生了許多商業用途。

⑴人際交往

在當下社會競爭的環境下，每個人都希望擴大自己的交際圈，創造並把握更多的人生機遇。所以，利用人際交往來發掘商機是一種新穎的思路。許多網站都設有專門的交友欄目，會員用手機註冊，企業再根據用戶註冊的信息建立所需的數據庫，分析其內容，爲志趣相投的會員「牽線搭橋」。

⑵定制新聞

在目前這個信息爆炸的時代，從眾多雜亂無章的信息中搜集所需的那部份，是十分費時費力的一件事。因此，利用手機短信訂制個人新聞信息可以節約用戶的時間，提高其生活效率，具有十分廣闊的前景。

⑶發送商業信息

利用手機短信還能爲企業發佈各種商業信息，當然，在發佈這些信息之前，必須進行有針對性的數據收集活動，不然會浪費許多財力，造成無效活動。這些數據可以通過通訊部門或者許多採用會員制註冊的網站上購買。

⑷提供服務

求職招聘眾多的人口需要相應的就業機會，人才招聘公司在近幾年發展迅速，而利用手機短信爲客戶進行求職服務是近一兩年興起來的一種新的人才仲介方式，效果顯著。

上述的幾種方式只是眾多利用手機短信進行數據庫行銷的常見類型，還有許多商家根據自身經營的特色，開發了一些更爲新穎、別致的商業運作方式，在此就不一一列舉了。

5.「短信數據庫」的建立方法

利用手機短信的各種商業和文化用途，可以幫助企業建立行銷數據庫。以下是幾種常用的方法，可供參考。

⑴利用網路會員註冊信息

許多網站都已經採用會員制的形式，用戶必須註冊相關信息才能登陸，從而進行相關活動，這就爲商家提供了一種收集信息的方法，即可以讓用戶輸入手機進行註冊，根據用戶的具體資料進行有針對性的分析，然後把相關的信息歸納後輸入數據庫。

⑵直接購買

如果企業自身沒有網路方面的優勢，便可以通過向相關網站付費來取得用戶數據，這也是一種簡便的方法。但是，必須注意的是，在網路用戶的註冊信息中，有很大的虛假成分，所以在發送短信後，要對回饋的信息進行及時整理和總結，以節省不必要的成本付出。

⑶撒網收集法

撒網收集法的具體操作形式是：設計好發送文案後，按照順序一一發送，比如，從 13900000000 到 13999999999。在利用廣撒魚網法時，還可以利用一些軟體，在網路上一次性發幾千個信息，然後根據用戶回饋的信息建成立數據庫，作爲將來短信行銷的工具。但這種方法一般較少採用，因爲需要較高的成本，針對性往往不強。

⑷**隨機收集法**

跟上述撒網收集法相似，但爲了可約資金成本，可以考慮採用隨機收集的方式。即不必給所有的用戶都發佈相關信息，而是從其中抽出少部份用戶來，比如根據尾數選一個固定的號碼等。這樣也能完成收集相關數據的過程，但效果就要大打折扣了。數據庫的建立是數據庫行銷的基礎，也是確立數據庫行銷優勢的一個重要環節，所以在收集數據的過程中必須設計最佳收集方案，以確保數據的真實、高效。

心得欄 ------------------------------

六、損益分析

損益分析主要包括淨訂單貢獻額、媒體成本利潤、損益平衡等概念。淨訂單貢獻額指的是每賣出一個產品的訂單所能獲得的毛利，計算公式如下：

淨訂單貢獻額＝產品售價－產品成本－行政成本

舉個例子來說，某皮件售價 1500 元，產品成本 500 元，行政成本包括運費、毀損、售貨退回、呆帳、庫存成本等分攤成本共計 180 元，則淨訂單貢獻額爲 1500－500－180 元。「淨訂單貢獻額」代表著產品的獲利能力，能初步反映出該項產品是否適合直複行銷。

因此，如果淨訂單貢獻額太低，可能造成無法負擔媒體成本，或者是必須要有很高的回應率時，才能損益平衡。一般的日常生活消費品的淨訂單貢獻額非常低，使它較不適宜使用直複行銷的方法來進行銷售。郵購的產品經常要求產品售價最好是成本的 3、4 倍以上，就是希望淨訂單貢獻額愈高愈好，才能負擔得起媒體成本。

舉例來說，如果用直郵方式來賣上述的皮件，估計訂購率爲 1%，而設計、印製及郵資加起來，每份郵件的成本約 10 元，則將很難獲利。因爲每一訂單的淨訂單貢獻額只有 820 元。可是要獲得一個訂單所要花費的媒體成本卻高達 1000 元(每 100 個人只有 1 個人訂購，因此，獲得一個客戶所花的媒體成本爲 10×100)，每個訂單將造成虧損 180 元。

那麼，什麼是媒體成本(Media Cost)呢？簡單地說，就是將產品訊息傳達給潛在購買者所須支付的成本。作爲直複行銷人員，必須要很清楚，花費多少媒體成本可以得到一個訂單，然後，評估這個成本能否負擔得起？產品是否有利可圖？以DM(直接郵件)來說，每一訂單媒體成本的計算方法將是「總媒體成本」除以「郵寄信件總數」。假設郵寄 5 萬份的 DM，花費的總成本(含設計、印刷費和郵費)爲 40 萬元，則每封 DM 的媒體成本爲 8 元，亦即將廣告訊息傳遞給每一個潛在消費者的媒體成本爲 8 元。媒體成本一般以每千人爲計算單位。因此，可以說 DM 的每千人成本(cost per thousand，簡稱 cpm)爲 8000 元。

假設在雜誌上刊登廣告，總成本爲 14 萬元，該雜誌的發行份數爲 7 萬份，則每人媒體成本爲 2 元(14 萬元/7 萬份)，每千人成本 cpm 爲 2000 元。大眾媒體如電視、報紙等的 cpm 較低，數據庫媒體如 DM，電話行銷的 CPM 較高，但因目標市場較精確，回應率也較高。

僅僅知道媒體成本還不夠，無法細緻地將收益和成本聯繫起來，因爲收益來自產品訂單，還必須知道每一訂單所承擔的媒體成本。每一訂單媒體成本(Media cost per order)是指獲得一個訂單所需花費的媒體成本，它的計算公式是由「總媒體成本」除以「總訂單數」。舉例來說，郵寄 5 萬份 DM，總成本爲 40 萬元，共獲得訂單 1000 個，則每一訂單分攤的媒體成本爲 400 元。

每一訂單的媒體成本高低與反應率息息相關，舉例來說，郵寄 5 萬份，回應率為 2%時，收到 1000 個訂單，則每一訂單的媒體成本為 400 元，若反應率為 1%時，收到 500 個訂單，則每一訂單的媒體成本為 800 元。也可直接由每一 DM 的媒體成本、預估的反應率估算每一訂單的媒體成本。假設每一份 DM 的成本為 8 元，預估反應率為 1%，則每一訂單的媒體成本為 800 元(8 元/0.01)。舉例來說，如果產品的訂單淨貢獻額為 600 元，若使用 DM 作為媒體，每一份 DM 的成本為 8 元，當預估的反應率為 1%時，則每一訂單的媒體成本已達 800 元。因此，除非有把握反應率能超過 1%以上，否則應考慮放棄用 DM 這個媒體。不然，每一訂單的收益還不足以補償成本，所以，每訂單的媒體成本愈低，表示產品愈有足夠的利潤空間。

郵購業者或直複行銷人員在準備銷售一個產品之前，必須很清楚地知道：要獲得多少的反應率才能損益平衡？這樣的反應率合不合理，達成的機會大不大，如果必須要很高的反應率才能損益平衡，那可能表示這種產品的風險太高，也許需要三思而後行了。至於反應率的估計，可以藉由過去的經驗及測試來獲得相關的信息，以做出正確的判斷。當淨訂單貢獻額大於每一訂單媒體成本時，表示你的產品可以獲得。反之，則表示你的產品發生虧損。

損益平衡所需的反應率指每千人達成損益平衡所需的訂單數。其計算方法如下：將每千人媒體成本(CPM)除以淨訂單貢獻額，即可得到每千人達成損益平衡所需的訂單數。舉例來說，若 DM 的每千人成本為 8000 元，某一產品的淨訂單貢獻額為 2000 元時，則每千人媒體成本除以淨訂單貢獻額等於 4，即每

1000 人中必須至少 4 人購買產品，才能損益平衡，否則就會發生虧損。一般習慣以百分位數來表示，即反應率 0.4%爲損益平衡點。換言之，若反應率高於 0.4%時，將可獲利。反之，若低於 0.4%，將發生虧損。

損益平衡所需要的訂購率對規劃媒體具有重要的意義。舉例來說，如果產品淨訂單貢獻額爲 800 元，DM 的每千人成本爲 1 萬元，則損益平衡所需的訂購率爲人 1.25%，唯有評估一個媒體的反應率將會超過 1.25%時，才會有利可圖，否則應考慮放棄。當然，評估利潤並非只憑單一銷售的成本及收益來考慮，要從顧客的終身價值來評估。舉例來說，一個客戶訂購雜誌一年的淨訂單貢獻額可能只有 90 元，但若根據經驗，發現平均每個客戶持續訂購的年份爲 2.5 年時，則計算損益平衡所需要用的淨訂單貢獻額是 225 元，而不是原來的 90 元。這時，即使是花費一、二百元媒體成本去獲得一個客戶，雖然第一年是虧損，但就長期來看仍是獲得獲利的。

一般來說，綜合型目錄由於商品種類較多反應率高於單一產品的 DM。各種商品由於性質不同，反應率差別很大。通常一個基本的原則是：損益平衡所需的反應率不要超過 1%。儘量將損益平衡控制在 1%以下，這樣風險才能降低。損益平衡所需的反應率是由媒體成本和淨訂單貢獻額所構成。因此必須從這兩方面著手。

⑴**降低媒體成本。**盡可能地爭取或尋求較低的媒體成本，這需要不斷地詢價或議價，或累積媒體購買量，向媒體單位爭取較優惠的價格。

⑵**提高淨訂單貢獻額**。有效的方法就是想辦法降低進貨成本及行政成本，只有將產品的進貨成本及處理訂單的成本壓低，才能提高淨訂單貢獻額。

當清楚地知道每一產品損益平衡所需的反應率時，即可根據其風險與報酬來規劃媒體的安排，看下面一個簡單的例子。

假設郵購型目錄每份成本爲 10 元，今有五個產品 A、B、C、D、E 及其售價、單位淨貢獻額、損益平衡所需的反應率如表 5-2。

表 5-2　損益分析

產品	售價(元)	單位淨貢獻額	損益平衡反應率
A	900	450	2.22%
B	2000	1200	0.83%
C	3600	2200	0.45%
D	7200	4500	0.22%
E	9800	1800	0.17%

由上表很明顯可以看出，產品 A 由於產品單價太低，以致單位淨貢獻額偏低，因此必須反應率高達 2.22%時才能回收媒體成本，風險顯然偏高。因此，如果希望所有產品的損益平衡反應率都低於 0.5%，則產品 A、B 的版面應縮小，以降低媒體成本，使損益平衡所需的反應率下降。相反地，產品 D、E 的版面可以擴大，因爲這兩個產品的單位淨貢獻額足以負擔較多的媒體成本。

有了上面所講的一些概念和關係。就可以很容易地預估直複行銷的損益。舉例來說，如果郵寄 5 萬份 DM，預估可能的反應率分別爲 1.5%、2.0%和 3%，商品售價爲 1500 元，淨訂單貢獻額爲 640 元。DM 每千人成本爲 8000 元，則預估總利潤可得知：當反應率爲 1.5%時，總利潤爲 18 萬元；當反應率爲 2.0%時，總利潤爲 24 萬元；當反應率爲 3.0%時，總利潤爲 16 萬元。

圖 5-5 損益平衡與利潤分析

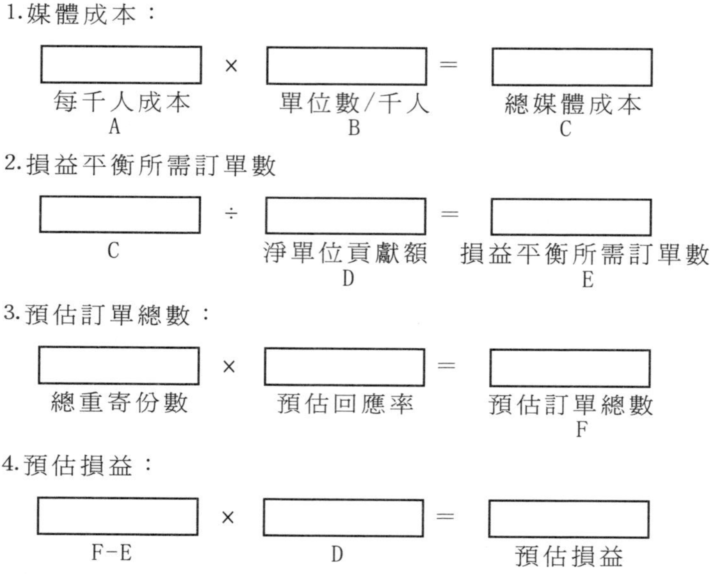

1.媒體成本：

[ ] × [ ] = [ ]

每千人成本 A　單位數/千人 B　總媒體成本 C

2.損益平衡所需訂單數

[ ] ÷ [ ] = [ ]

C　淨單位貢獻額 D　損益平衡所需訂單數 E

3.預估訂單總數：

[ ] × [ ] = [ ]

總重寄份數　預估回應率　預估訂單總數 F

4.預估損益：

[ ] × [ ] = [ ]

F-E　D　預估損益

第 6 章

利用數據庫鞏固老顧客忠誠度

公司業績成功的關鍵之一是顧客滿意度。

為了瞭解顧客的滿意程度，就要運用建立起來的龐大數據庫來瞭解顧客滿意度以及忠誠度。數據庫中不僅擁有顧客的個人資料，同時包括了他們對品牌忠誠度的定期的調查資料，顧客忠誠度可以帶來高於平均水準的利潤增長和快速發展。

數據庫行銷運用高速電腦和數據庫技術，使企業能精力集中於更少數人的身上，並最終集中在最小消費單位──個人的身上，從而幫助企業準確地找到目標消費者群。

美國已有65%的企業正在建立數據庫，85%的企業認爲他們需要用數據庫行銷來加強其競爭力。其次，運用數據庫進行行銷，能夠更好地留住消費者，使消費者成爲企業長期忠實的用戶，保證企業能夠擁有穩定的顧客群。企業擁有了數據庫，便能夠分析出顧客是些什麼人，採取什麼措施可以留住顧客。

此外，運用數據庫與消費者建立緊密的關係，企業可以使消費者不再轉向其競爭者。所有努力爭取同消費者保持緊密聯繫的企業都相信，保留住老顧客要比尋求新顧客更爲經濟。數據庫行銷在於同消費者保持不斷溝通和長期聯繫，以及維持和增強消費者感情紐帶方面，有其絕對優勢。

顧客忠誠度不是簡單地完成銷售，這不是用贈品能換來的，真正的品牌忠誠是信任、交流、購買頻率、使用效果、價值感覺和附加滿意度集中綜合反映在顧客心理上以後建立起的情感紐帶。生活在時刻充滿變化的時代，人們內心深處都希望一種永恆，顧客的潛在意識裏、情感上、心理上都渴望一種長久的價值感、滿意程度和認同感，這一切的反映是忠誠度。

有許多途徑可以實現顧客忠誠度，由良好的產品和服務開始，忠誠度可以由習慣發展而來，比如訂閱雜誌這樣的契約，可以通過建立會員緊密關係實現，可以用具有法律效力的許諾來實現，還可以依靠公司強大的競爭力和良好的聲譽，滿足顧客高預期的需求產生忠誠度。

總之，實現顧客忠誠有許多方法和工具，方法和工具的不同選擇也影響、決定了實現滿意程度的不同，但數據庫行銷卻是其中最理想的工具了。

一、建立顧客忠誠度的價值

聰明的市場行銷商在策劃新的活動，利用新的行銷工具從競爭者手中搶到市場佔有率時，花上上百萬元去發掘新顧客，卻白白失去老顧客絕非明智之舉。如果現已掌握市場佔有率的20%，要想爭取到25%，這筆費用支出需要500萬元，如果用更少的錢更少的精力來留住老客戶不是更物有所值嗎？

答案是肯定的，得到現有顧客的資料要比發掘新顧客名單容易得多，而且現有顧客更容易對營業推廣和產品延伸做出反應；通過鼓勵現有顧客消費得到銷售量提高 10%的業績，要比擴大顧客量的 10%更現實。

1. 維繫顧客

⑴顧客折損率與公司利潤

由於服務市場的經營不善，美國公司平均每年失去 10%～20%的老顧客。其實，如果這些公司每年能多保留 5%的老顧客，他們的公司利潤就可以提高 20%～100%。

MBNA 是美國一家經營信用卡的公司，在過去的 8 年中由於公司利潤提高了 16 倍，在行業排名中由 38 位上升到第 4 位。這樣的業績得益於公司把顧客折損率始終控制在 5%，是行業平均顧客折損率的一半。

一家經營小額信貸業務的銀行發展速度是同行的兩倍。銀行既沒有開展業務範圍也沒有從價格入手提高競爭力，成功的秘密就在於較高的顧客忠誠度。另一家銀行也總結出，提高 3%的客戶保留率能爲銀行多贏得 7%的儲蓄額。

客戶保留率帶來的業績提升具有隱蔽性，競爭者看不到任何行銷或定價策略的變化。由於服務不到位造成顧客不滿意，而失去的客戶卻可能永遠放棄了你的公司。最嚴重的後果是，失望顧客會通過「品牌」這個途徑對公司進行不利的宣傳，這樣公司失去的不僅是一個顧客了。每個財政年度，顧客折損能造成英國公司損失 100 萬億英鎊的銷售額。

行銷界也是直到 90 年代才把行銷工作重心轉移到顧客忠誠的維繫上，關係行銷觀念的發展在這個過程中起到了催化劑的作用，並幫助推廣了直複行銷方式。

顧客忠誠度可以帶來高於平均水準的利潤增長和快速發展，並達到共識：公司業績成功的關鍵之一是顧客滿意度。顧客越滿意，公司與顧客建立的關係越持久，公司就能穩定地增長利潤。研究還表明根據具體行業不同，公司減少 5%的顧客折損率，所帶來增長的利潤從 25%到 85%不等。具體百分比詳見下表：

表 6-1　公司利潤與顧客折扣率的行業比較

利潤增長百分比	行業
25%	信用保險業
30%	汽車服務業
35%	軟體公司
40%	事務所管理
45%	工業經營公司
45%	工業洗衣公司
50%	保險經濟公司
75%	信用卡公司
85%	分期儲蓄

⑵維繫顧客的意義

現有顧客購買量大，消費行為具有可預測性，服務成本比贏得新顧客的成本低，他們對價格也不如新顧客敏感，而且他們提供免費的口碑廣告宣傳。維護顧客忠誠度使競爭者無法爭取市場佔有率，最終，享有顧客忠誠度的公司能有這樣的優勢：

⑴賺更多的利潤，一旦顧客願意，持續購買公司產品後，折扣費用支出減少，銷售額上升。

⑵從消費者手中得到更多消費佔有率，忠誠顧客消費，其支出是隨意消費支出的 2～4 倍，也就是說顧客一旦對某種品牌或某公司產生信任感就會穩定購買，並且擁有支出最大佔有率。

⑶減少管理成本，發展新顧客需要開展繁複的行政業務。

⑷減少行銷支出，現有穩定顧客是新顧客消費量的 5-8 倍。

⑸贏得口碑宣傳，在美國 20%～40%銀行新額是通過顧客推

薦贏得的。

⑹快速發展。

提高顧客忠誠度還有兩個優勢：

⑴提高僱員穩定程度。

⑵爲行銷決策提供參考。

還可以通過一個例子來說明維繫顧客的重要性。假定一個公司研究了它的新顧客吸引成本，發現：

平均銷售推廣的費用(包括工資、傭金利潤和費用)是：300美元，使每一位潛在顧客轉變爲現有顧客的平均銷售推廣數是4，則吸引一個新顧客的成本300×4＝1200美元。

這個成本還是被低估了，因爲忽略了廣告與促銷的成本、運營成本、規劃成本以及諸如此類的因素。

現在假定公司估計每位顧客的生命週期價值可能是：

顧客年人均收入：5000 美元，對公司平均忠誠年數：2，公司的邊際利潤：0.1，則顧客生命週期價值(不打折扣)爲5000×2×0.1＝1000美元。

很顯然，公司在吸引新顧客上所費超過所值，除非這家公司能通過減少銷售推廣費用，以更小的單位銷售推廣數增加新顧客的年均消費，使維繫顧客的時間長，或者向他們銷售高利潤的產品等方法維持住顧客，公司才能避免破產。

假定顧客的維繫是最重要的因素，可以有兩種方式來實現，一是建立高度的轉換壁壘，當顧客轉換面臨著高昂的資金成本，搜尋成本忠誠顧客折扣的損失等等因素，則顧客轉向其他供應商的可能性很小。

顧客維繫的一個更好的方法是傳遞高度的顧客滿意，這樣競爭者就很難簡單運用低價和誘導轉換等策略克服這種壁壘。這種提高顧客忠誠度的方法即所謂的「關係市場行銷」。

當一個公司想培養強烈的顧客契約和滿意時，應當運用什麼特別的市場行銷手段呢？

有三種建立顧客價值的方法，第一種方法主要依賴於對顧客關係增加財務利益。例如這樣航空公司可以宣導對經常乘坐者給予獎勵，旅店可對常客提供高級別的住宿；超級市場可以對老主顧實行折扣退款等，儘管這些獎勵計劃能夠樹立顧客偏好，但它們很容易被競爭者模仿，因此常常不能長久地因其他公司的供給行為區別開來。

第二種方法是增加社會利益，同時也附加財務利益，在這種情況下，公司人員可以通過瞭解單個顧客的需要和願望，並使其服務個性化和人格化，來增強公司與顧客的契約關係，公司把顧客看作是委託人。多奈利・向瑞和湯姆森是這樣描述兩者區別的：對於一個機構來說，顧客也許是不知名的，而委託人則不可能不知其姓名，顧客是針對一群人或一個大的細分市場一部份而言的，委託人則是針對個體而言的……顧客是由任何可能的人來提供服務，而委託人是那些指派給他們的專職人員服務和處理的。

第三種方法是增加結構紐帶，與此同時附加財務和社會利益。例如，公司可以為顧客提供較定的設備或電腦聯網，以幫助顧客管理他們的訂貨、付款、存款等等事實，一個優秀的典範是新加坡的強生醫藥公司，它們的職員幫助醫院管理存貨、訂貨、購入以及商品。

2.**顧客終身價值**

歸根結底，一切行銷活動是一種吸引並保持可盈利顧客的藝術。然而，公司常會發現 20%～40%的顧客並不是它們的最大客戶，而是一些中等規模的顧客，最大的客戶要求週到細緻的服務和最大程度的折扣，而這些都降低了公司的利潤水準。最小的客戶能按全價付款，並且只接納最低程度的服務，但是以最小的交易成本降低了公司的利潤率。中等規模的客戶接受良好的服務，並且幾年能按全價付款，大多數情況下，是最具盈利能力的。這就解釋了爲什麼很多大公司原來的目標市場定在大客戶，而如今卻致力於中間類型的市場。

一個公司不必要追求並滿足每一位顧客。例如，如果新加坡雷迪赫爾旅館的顧客過高地要求高品質水準式的服務，雷迪赫爾旅館應當說「不」，屈從於這種要求只會混淆高結屋和雷迪赫爾系統的相對定位(高結屋集團價格低廉的旅館)。

一些機構試圖去做顧客建議的任何事情和每一件事……然而，在顧客經常提出建議的同時，他們也在想出很多不可行或不具盈利性的行爲建議，盲目聽從這種建議與以市場爲中心在本質上是不同的，後者要做出規範性的選擇，即爲那些顧客服務以及向他們提供什麼特定的利益組合和價格(以及什麼是要拒絕他們的)。

公司的利潤由兩個指標來決定，第一，贏得並維繫顧客的能力。這取決於公司的服務以及銷售水準。第二，顧客貢獻價值也就是顧客購買多少產品，爲公司提供了多少利潤收入。以前大部份銷售和行銷培訓以犧牲第一個指標來強調顧客利潤。事實上，銷售途徑過於急功近利的話有可能破壞顧客維繫能力。美國汽車消費者中只有 35%對經銷商基本滿意，許多顧客都感到踏出商店立刻感覺被騙。

事實上，公司的品牌價值是由顧客保留率和顧客年貢獻價值的結合共同決定的，即顧客終身價值——數據庫行銷的重要測試標準。

斯圖·論納德在美國經營一家高盈利超級市場，他說每當他看到一位滿臉慍怒的顧客，就會看到 5 萬美元從他的商店溜走。爲什麼呢？因爲他的顧客平均每週開支 100 美元，一年到商場購物 50 週，並且在該區域生活 10 年，所以如果顧客有過一次不愉快的經歷，並轉向其他超級市場，期圖·論納德就會損失 5 萬美元的收入，如果考慮到失望的顧客傳播商店的缺點並造成其他顧客離去，這一損失還是被低估了，因此斯圖·論納德要求他的僱員遵循兩條法則：

⑴顧客永遠是正確的。

⑵如果顧客錯了，參照法則⑴。

一位香港的市場行銷顧問經營一項業務，這項業務牽涉到每月將在貨運快遞服務上花費 1500 美元，一年他將支出 12 個月，並且預期將從事這項業務 10 年。因此，他預期將在貨運快遞服務上花費 18 萬美元，如果貨運快遞服務有 10%的邊際利潤，他的終生業務將爲貨運快遞服務提供 18000 美元的利潤，如果他從事貨運快遞業務公司那裏得到的服務很差，或者競爭者能提供更好的服務，所有這一切就很嚴重了。

可見顧客終身價值並不在於他於某一次特定的數據庫行銷活動中購買的產品的數量，而在於他一生中購買的公司產品的總額，然後再用這個總額扣除公司為爭取和維持與該顧客的關係所支出的成本，所以行銷人員集中精力去發展與鞏固與那些終身價值高的顧客關係。

大多數公司忽略了單個顧客的利潤率。例如，銀行宣稱這項工作很難進行，因為顧客常使用不同銀行的服務，而且交易公佈於各個不同的部門。那些成功與顧客進行交易的銀行對銀行顧客群中非盈利顧客的數目感到十分吃驚，一些銀行報導資金損失的 45%以上都與他們的零售顧客有關。因此，銀行對以前免費提供的各種服務索要越來越多的費用，這種現象是毫不奇怪的。

圖 6-1 顯示了一種有用的盈利性分析方法。顧客按列排列，產品按行排列。每個方格有一個表示將那種產品出售給對應顧客的盈利性的符號，我們觀察到顧客 1 的盈利性非常高，他購買三種能產生利潤的產品，即 P1，P2 和 P4。顧客 2 顯現出混合利性組合，他購買一種盈利性產品和一種非盈利性產品。顧客 3 代表了那種失去的顧客，因為他購買一種盈利性產品和兩種非盈利性產品，針對這種情況，公司該怎麼辦？

⑴可以提高盈利較小的產品的價格，或取消這種產品；

⑵也可以試圖向這些非盈利顧客搭售能產生利潤的產品。如果這些非盈利顧客選擇逃避也許更好，人們甚至可能認為鼓勵這些非盈利顧客轉向他們的競爭者，公司還可以從中獲益。

圖 6-1　顧客—產品盈利性分析

	C1	C2	C3	
P1	＋＋		＋	高盈利性產品
P2	＋	＋		可盈利性產品
P3		－	－	虧損產品
P4	＋		－	組合型產品
	高盈利性顧客	組合型顧客	虧損型顧客	

數據庫行銷的應用越來越廣泛。從行業講，最早應用數據庫行銷的是工業品(BUSINESS TO BUSINESS)；因爲工業品購買的顧客是組織類顧客，因此，顧客數量少，儘管影響購買的因素複雜多樣，但相對來講比較穩定，而且買賣雙方的溝通通常是直接雙向的；數據庫行銷很方便地全面反應顧客特點與購買行爲，利用數據庫的分析功能，便可確定出目標顧客群，對不同的顧客採取不同的策略，同時回饋的及時性又可作爲調整行銷策略的基礎。

如今，隨著 IT 技術的普及，起源於直複行銷的數據庫行銷已構成現代企業行銷工作的基礎。它可以對現有客戶進行管理，通過搜集和購買顧客資料，建立起強大的行銷數據庫，通過統計分析，確定目標顧客群，針對不同的目標顧客，實施不同的策略。同時，及時的回饋可以不斷修正行銷數據庫，不斷調整策略，真正做到企業與市場的互動。

可以說，數據庫行銷是企業未來的選擇。在美國 94 年的調查顯示，56%的零售商和製造商有行銷數據庫，10%的零售商和製造商正在計劃建設行銷數據庫，85%的零售商和製造商認爲在本世紀末，行銷數據庫必不可少。

數據庫行銷從資料的搜集到行銷策略的執行都具有很高的科技含量，數據庫行銷需要各部門及各種專業人才的密切合作，切不可認爲數據庫行銷就是利用大量顧客資料，稍加分析，便可實施行銷策略，這樣便發揮不出數據庫行銷的目標準確、回饋率高、成本低的競爭優勢。

數據庫行銷可以說是一個工具，與不同的行銷方式或行銷管理職能結合，便有不同的作用。再依據企業與產品的特點，開發出適合自己企業的行銷數據庫，並在行銷策略中充分發揮數據庫行銷的優勢。

心得欄 ----------------------------------

二、應用數據庫瞭解顧客忠誠度

在美國摩托羅拉公司幾乎所有的重要文件上，都在醒目位置標明這樣一段話：「我們的基本目標——使顧客完全滿意。」這是摩托羅拉從1928年走到今天，不斷沉澱下來的獨特企業文化的核心。公司上下身體力行「顧客滿意」的結果，是給公司帶來了豐厚的回報，在90年代初期美國經濟衰退、多數公司經營業績不佳的陰影下，摩托羅拉公司卻連續數年實現大幅度增長，成爲美國經濟中璀璨的「企業之星」，迅速躋身世界經濟前50名，成爲世界個人通訊電子設備之魁首。

什麼是「顧客滿意」呢？爲什麼有如此神奇魔力呢？

1.顧客滿意三要素

顧客滿意譯自英文「Total Customer Satisfaction」亦即「全面顧客滿意」，簡稱TCS，摩托羅拉公司將TCS基本內涵概括爲以下要素：

(1) T：Total 100%

Total 包含兩方面的含義：一是指使顧客感到100%的滿意，甚至要超過顧客期望，二是指全員參與，即顧客滿意是全體員工的共同目標和行爲準則，顧客滿意需要通過全體員工的共同努力來完成。

(2) C：Customer

這裏的「C」是指 Customer，而非單純的消費者，顧客包括：外部顧客是指消費者和經銷商等；內部顧客指企業內部員工。外部顧客滿意通過內部顧客滿意達成，內部顧客滿意是根本。

(3) S：Satisfaction

即滿意，也就是超過顧客期望。這一看來似乎簡單的要素實際上包含著十分豐富的內涵，因爲隨著時代的變遷，顧客的需求也隨之不斷變化並且逐步提高。日本人武田哲男認爲，就顧客中的主要群體——消費者需求而言，它已從「戰後物質缺乏時代」、「追求數量的時代」轉變成爲今天「因高附加値所附帶的滿足感、充實感」，追求品質的時代。

現代消費的需求，很大程度上是對「舒適、安全、便利、安心、速度、躍動、開朗、愉快、清潔、有趣」等等的追求，但很少出現對商品本身的要求。換句話說，今天人們傾向於追求的是具有「新的滿足感與充實感」的商品，是具有高附加價值的商品，追求無形的滿足感的時代已經來臨了。

隨著經濟的飛速發展，已經迅速地跨越了「商品缺乏時代」「追求數量的時代」甚至是「追求品質的時代」，商品的包裝、設計及外部形象的好與壞，已成爲企業能否在競爭中取勝的關鍵因素，越來越多的企業開始認識並重視 CI(Corporate Identity)，他們不但努力提高產品本身的品質，同時還大幅度改善商品的設計、品位等，從而也使得企業的形象有所提升。

「顧客滿意」與顧客忠誠的維持是密不可分的。只要能夠使顧客具有一定標準以上的滿意程度，他們就會成爲品牌的忠誠維護者。

爲了瞭解顧客的滿意程度，就要運用建立起來的龐大數據庫來瞭解現有顧客的滿意度以及忠誠度。數據庫中不僅擁有顧客的個人資料，同時包括了他們對品牌忠誠度的定期的調查資料。通過對這些資料的分析、整理，就可以瞭解到目前產品在顧客心中的地位，以及有多少顧客能夠在眾多同類產品激烈競爭的環境下，堅定不移地擁護本企業的品牌。

2. 顧客忠誠度

所謂「顧客忠誠度」，包括顧客對所購買的商品以及服務的滿意程度，更重要的是期待他們來繼續購買的可能性。通過數據庫可以瞭解到顧客現有的購買程度以及滿意程度，從而確認現有的顧客忠誠度。繼而綜合手頭上所有的顧客忠誠度的資料可以大致推斷出未來的顧客忠誠度。

如果顧客對產品的未來購買可能持堅定的態度，他們具有較高的忠誠度；如果顧客對產品的未來的購買狀況不能確立，或目前對其他品牌的購買有一定傾向，則可以認爲他們只具有一般的忠誠度。而當顧客對產品較多的不滿意或對服務有較多報怨時，他們即將不再忠誠於本產品。(見圖 6-2)

圖 6-2　顧客忠誠的不同層次

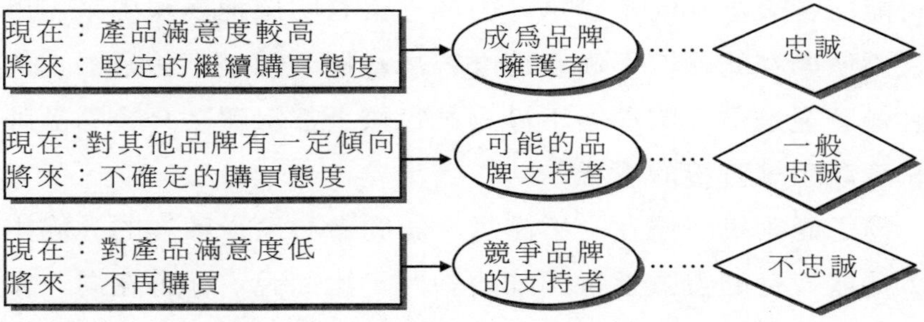

現在：產品滿意度較高
將來：堅定的繼續購買態度
→ 成爲品牌擁護者 …… 忠誠

現在：對其他品牌有一定傾向
將來：不確定的購買態度
→ 可能的品牌支持者 …… 一般忠誠

現在：對產品滿意度低
將來：不再購買
→ 競爭品牌的支持者 …… 不忠誠

瞭解了現有顧客的忠誠度以後，就要對現有的忠誠顧客以及一般忠誠顧客的現有狀況以及未來趨勢進行分析。運用數據庫中現有的資料，結合分析指標。首先應弄清顧客的滿意度，只有準確掌握了顧客對產品的滿意以及不滿意兩方面的情況，才能更好地分析推斷出顧客未來忠誠度可能的變化情況。

⑴潛在和顯在的顧客滿意與不滿意

顧客的滿意度不僅僅是顧客直接表現，或表達出來的滿意與不滿意，更是顧客潛在的滿意與不滿意的反映。

⑵潛在的顧客滿意與顯在的顧客滿意

所謂顯在的顧客滿意，是指顧客本身所具體掌握滿意的情況。比如說，如果顧客對產品的評價是「這個產品的×××很好」或者是「在服務方面，×××做得很好」，我們稱之爲「顯在的顧客滿意」，而相對地，如果顧客本身不能夠明確地掌握其滿意，則稱之爲「潛在的顧客滿意」。

⑶潛在的顧客不滿意與顯在的顧客不滿意

在數據庫資料的收集過程中，常常會發現在滿意度方面，顧客集中在「一般」或「普通」的水準。這種反映的深層次，很可能隱含著潛在的不滿意，由於它沒有明確地表現出來，所以它不像顯在的顧客不滿意那麼容易掌握，但是不論是潛在的顧客滿意還是潛在的顧客不滿意，實際上都對顧客今後的品牌忠誠度產生著直接的影響。

爲了能夠找出潛在的不滿意，訪問者必須從顧客的立場出發，採取適合的方式進行詳細的詢問，比如說「你會在同一家商店裏購買同樣的商品嗎？」這樣的問題顯然要比「你喜歡所購買的商品嗎？」更能挖掘出顧客潛在的不滿意。因為對於物質產品差距日益減少的今天，後一種問法，很難從顧客那裏得到實際的信息。

從以上兩方面可以看出，在顧客滿意度的調查中，既要能夠客觀地評價顧客顯在的滿意與不滿意，又要善於發掘出顧客潛在的滿意與不滿意，這樣所測定出的顧客滿意度才是符合企業實際的，而由此分析出的顧客忠誠度才具有真實性和可靠性。

在數據庫中，不僅有關於顧客滿意程度的資源，同時還有許多相關的其他資料。在這些浩如煙海的資料當中，如何能使企業對有用的顧客資料整理得系統化、條理化，並最終通過這些信息的運用來改善企業的運營，越來越成為企業關注的課題。

⑷利用顧客資料建立顧客忠誠的步驟

第一步，應將搜集來的原始數據簡化成為對自己有用的信息。變原始數據為重要信息的過程，就是將收集好的資料加以加工，整理分析，並建立數據庫的過程。這一步要注意將資料彼此配合使用，孤立的顧客資料通常是沒有意義的，要把幾項相關的資料配合使用、相互對比，才能獲取全面的顧客資料，問題的關鍵也常在對比中顯現。

第二步，就要對資料進行加工。將獲得的顧客資料加工處理後，再運用邏輯思維能力歸納出進一步的結果。例如：某人對打高爾夫球很有興趣，經濟狀況良好，曾經購買了一支碳纖球杆。運用思維能力將資料加工後，可以得出如下結果：某人很可能在近期內再度產生購買碳纖球杆的需求，那麼就可以給他整套的碳纖球杆廣告，或採取折價促銷，或勸說該人及其家人加入高爾夫球俱樂部。

只有這樣，通過較爲理智的思維方式，對於感化性的資料進行加工整理，才能更好地瞭解顧客的需求，由此出發，就能使顧客獲得滿意的服務，必然有助於顧客忠誠度的提升。

三、顧客忠誠度的鞏固

顧客忠誠度對於企業相當重要。如果企業能夠擁有一批對其品牌十分忠誠的顧客，無疑會使企業大有發展。先來看一個案例：

Avis 汽車租賃公司在美國紐約設有分公司。那裏的人們大多數都認爲在需要使用汽車的時候租用一輛，要比自己單獨擁有一輛要方便得多。每到夏天，那裏就成爲汽車租賃公司競爭的一塊熱土。Avis 公司及時地搜集了夏季租賃者的名字，並郵寄給他們關於參與「夏季租賃」活動成爲自動會員的資料。具有這種會員身份的租賃者可以擁有一張會員卡，而擁有了這張會員卡就可以享受特別的利率，升級以及其他的特權(例如，對於本季的首次租賃或是以後的重覆租賃等等)，特別是那些願意將租期延長或拖延至每週中間幾天的顧客。

許多人認爲汽車租賃是一個國內市場問題，而實際上，汽車租賃是一個地區性非常強，而且隨著不同市場內的不同的價格變化以及需求狀況變化，有著相當大的差異的一個問題。

在最初郵寄的資料中，不僅有一封信，各種各樣的證書和會員卡，更隨之附贈一張附屬卡，可以供租賃者送給他們的朋友。這種方法已經持續了很長時間，爲Avis公司的發展起了很大的推動作用，同時也被不少的競爭者模仿。

爲了維護顧客忠誠，就要不斷地瞭解顧客需求，依此改進公司的服務方式方法。而通常情況下，由於企業與顧客之間的利益易產生衝突和矛盾，企業不能充分考慮或維護企業與顧客之間的關係，就成爲了失去顧客忠誠的主要原因。能夠維護現有的顧客忠誠的一種方法就是通過回饋活動，來報答顧客長期的支持，並希望他們能夠繼續這種支援，而數據庫行銷就是一種很理想的工具。

1. 為什麼失去顧客

企業只有找到問題出在那裏才能開始後期的工作，所以第一步是有效的分析——顧客從那一環節流失了。

首先瞭解你的服務對象是誰，他們買什麼，什麼時候買，什麼時候不買。這是開展回饋測試能力的公司瞭解市場的基礎，充分研究自己的顧客比找到別人的顧客更重要。顧客太多，勢必有相互衝突的需求。所以如果試圖滿足每一位顧客，結果一定是每一位顧客都不滿意。

每個獨立的企業都有關於自己顧客的調查研究，但對於失去顧客的總體原因的調查還有一定的局限性。但有一點是已經確定的，那就是，顧客由於潛在的對於服務的不滿意而更換賣主的情況，要多於僅僅是由於對價格或對產品品質方面的問題而更換賣主的情況。前者差不多是後者的5倍(見表6-2)。

TGI 公司的銷售出現問題後，管理人員認爲是當地競爭力太激烈或是經濟萎縮。經過逐項評定分析後，問題真正的原因出現在付款環節上，問題才迎刃而解。問題找到原因後要讓顧客告訴你做什麼。

數據庫行銷有助於找到顧客的真正需求，我們總是希望生產商是有關產品的專家，那麼可以提前預測到問題並解決問題，但許多企業的工作人員並不知道那個對顧客最重要，那個完全是不需要甚至是錯誤的。

表 6-2　公司失去顧客的原因

原因	百分比(%)
A 死亡	1
搬遷	3
競爭對手贏得	5
較低價格	9
投訴未能得到滿意處理	14
對商家失去興趣	68
B 移居或死亡	4
顧客關係	5
競爭者贏得	20
對產品不滿意	15
缺乏交流，談話，惡劣態度	67
C 別處更好的產品	
別處更便宜的產品	
缺乏交流和定向注視	
重視品質不足和惡劣服務	

澳大利亞一家襯衫生產商發現他的零售商顧客並不像他那樣關心訂單的完成，以及靈活性和產品規格，他們更關心成品、

貨運和圖樣；英國一些醫院的病人向國家服務中心投訴醫院不能正確對待病人，原來醫生們認爲高超的醫術足以代表醫院水準，然而病人們更在乎床位，飲食，舒適程度和私人服務這些方面。

對於產品的不滿在顧客更換賣主的原因中佔了 66%的比例，因爲到目前爲止，世界還是關注產品的品質。然而四倍於對產品的不滿的是顧客曾與供應商有過很少或幾乎沒有過聯繫。顧客總感覺到供應商對於他們的不滿只是無動於衷，或態度冷淡。

顧客忠誠逐漸產生的階段代表著需要不斷發展的企業與顧客雙方行爲的革命。這些階段可以把顧客描述成以下幾類：

⑴爲了方便的偶然顧客。

⑵習慣性的買者：個人或公司因爲習慣或缺少其他選擇經常購買。

⑶主動而自願地尋找企業產品，在某一方面對產品擁有較高信任的顧客。

⑷願意以有用的抱怨的形式供給公司回饋的顧客。

⑸自然向他人推薦產品的顧客。

⑹根據生產者假設來設計自己生活的人。

⑺願意參與幫助產品或服務設計及計劃的人。

⑻成爲聯繫助手：認識到正式的共同的利益，在成功中參與活動。

2.顧客忠誠與「雙贏」思想

團體是一群有共同的利益的人集聚在一起，而這不能直接建立在競爭的基礎上(儘管在共同勉勵和發展的思想指導下的個人之間的競爭，的確能互相贏得尊敬)。傳統的買賣關係通常是敵對的，而新的模式卻強調合作的價值。這種強調來自於顧客希望尋求到一種和他們的供銷商之間新的合作關係，而供銷商們也逐漸接受了這種思想。在商業企業之間合作中，這種趨勢表現爲顧客或供銷售之間爲了達到共同的目標而一同來解決問題。這種思想是一種高價值的服務關係，並同時贏得高度忠誠（見圖 6-3）。

圖 6-3　發展中的買賣關係

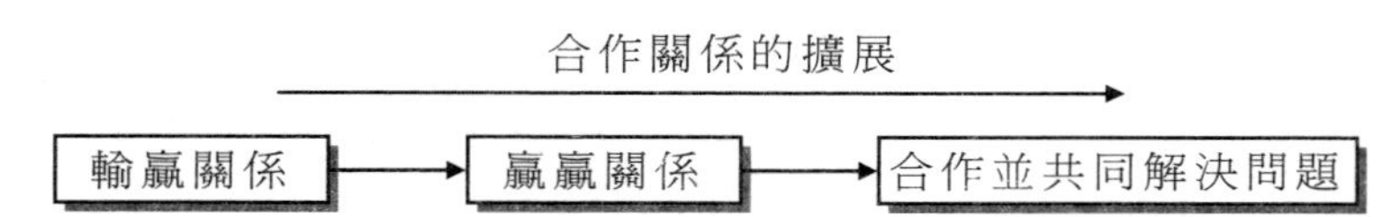

儘管賣者希望贏得合作夥伴關係的想法是很明顯的，而事實是這並非是他們最首要的意識，許多銷售和行銷人員一直以來都被一種輸贏的思想所困繞，而這種思想只能被慢慢地一點點的克服，但它確實起作用。高地電氣用品美國零售部，已經把自己看作銷售人員的意識轉換成爲另一種，即宣傳自己可以爲顧客提供產品完全真實的信息，並以此來贏得顧客的信任。合作運動是建立在共同合作基礎上的公司運行的一個很好的例子。他們與他們的顧客在共同的社會環境與需求上，一起解決問題，回報顧客的忠誠。

3. 忠誠心理學、回報與原始時刻

何爲忠誠？我們認識並感知它，但它並非那麼容易認清。忠誠可被描述爲「源於責任或信任，願意繼續購買該公司產品，無論環境如何變化」。

克拉克斯鞋業公司是一家英國的機構，許許多多的兒童都穿這家公司的鞋子，因爲他們的父母對該公司鞋的舒適度很滿意。但是，當這些孩子成了年輕人以後，他們開始自己做決定，至少在幾年之內要脫離開與他們父母相聯繫的品牌。但有趣的是，當這些人自己成了父母之後，他們又買給自己的孩子這一品牌的鞋子。

深入而隱藏的忠誠是不斷持續的。忠誠的本質超越了保留，因爲這時已有一種主動的行爲或甚至是一種自願給予的行爲，提供建議及回饋，從而成爲合作者。

忠誠受顧客的所想，所感和所做的影響。我們總能意識到我們在想什麼，或至少是意識到我們在做什麼或想做什麼。而最終決定忠誠的卻是「原始時刻」，也就是我們最初在頭腦中留下的公司的印象，它的產品和服務以及我們對其的感受。這種「原始時刻」可能是：

⑴一無所知。

⑵廣告或品牌形象。

⑶好(壞)的經歷，特別是公司內部人員所做的一件事及其帶來的影響。

⑷通常狀況下有規律的經歷，生活中簡單的一部份使人舒適的感覺。

當然，另一些的決定是出於理性的考慮。這種情況在商業領域中出現得更多，因爲在那裏做決定的過程更爲正式，並且關係到更多的個人和組織的專業性。即使是在這種情況下，信心、溫暖、恐懼等仍會影響決定。

在其他情況下，許多決定做出的過程都很少或幾乎沒有意識的考慮參與。大部份的購買都是出於一種習慣性，而且許多公司也都依此作爲保留的根據。正如我們會有意識地做決定去買什麼東西一樣，有時也會由於一時的感情衝動去購買。習慣有時也會改變我們的思維方式。引導做出購買決定的頭腦中的形象也可以被做出的努力所影響。便利性是選擇與行動做出的重要影響因素。購買決定在這樣的情況下就可能在兩種情況下做出：前意識（並非出於一時衝動而購買，因爲我們已經意識到了）或者後意識（因爲他們已經成了習慣）。

主動性的忠誠是指顧客自願地主動尋找一個特別的服務地點（比如商店）或品牌。例如，顧客有可能選擇一個商店，因爲它銷售一種特殊的產品，或者有可能爲了在一個特定的商店購買而放棄另一個店中的商品。相反地，被動性的忠誠更多的是出於衝動、便利和習慣。如果出現了這種情況，顧客就會購買產品。

數據庫行銷能夠通過製造定期的交流，來使顧客逐漸對產品熟悉，例如以季節爲單位，或簡單的只是通過相關的產品信息展示。這種聯繫本身就可以增進關係。

通過有規律的重覆、相似的處理，習慣會逐漸成自然。此外，還要尋找機會以增進對個人的服務，這樣就使顧客感覺到特殊的對待，而使有意識即主動性的忠誠逐漸產生。

只有擁有了數據庫，才能知道購買是否在不斷重覆。只有知道了這些，我們能問「沒有購買，爲什麼沒有購買？這裏是不是有什麼因素導致了這種低的購買率」等等。

微軟公司有著很高的商業榮譽，並銷售許多用戶成套的捆綁產品。然而在一段時間內，他們花很少的精力去培養真正的友善關係。所有可供使用的精力都投入到產品開發當中去。他們不與顧客交談，幾乎不能意識到他們的存在。微軟公司現已宣稱要在歐洲專門設立一家分支機構，來管理他們與顧客間的關係服務。產品或服務越成爲積極形象、感情和形爲模式的特徵，就越可能獲得真正的忠誠。這種忠誠建立之後，顧客就開始認準品牌並感受到一種擁有感。

四、設法使現有顧客成為品牌擁護者

爲什麼要花費成百上千的美元去贏取新顧客，而讓現有的顧客們從後門溜走呢？假設你有 20%的顧客而希望爭取到 25%，而這需要花費 500 萬美元。

難道做一些調整，使用比這少的多的錢來使同樣比例的現有顧客不離開，不是更值得嗎？

伯茲爾公司正在用相同的演算法來進行一項行銷計劃，一項產品包裝計劃。因爲這幾乎是一個全球性的計劃，相對低的單位銷售額和生命期價值，數據庫行銷並沒被包含到計劃當中，然而這只花費了 100 萬美元來確認和維護現有顧客。因爲你比你的競爭者更容易得到你自己的顧客的名字，所以這 100 萬美元的「維護」額就產生了 5 倍於「進攻」額的商業價值。而且要記住，你的現有顧客更有可能對於你的系列產品做出反映。對於一些產品或服務目錄，更容易增長 10%的顧客。如果能鼓勵顧客增加使用，就會有比 10%更多的顧客。

1. **扭轉經營劣勢**

企業、商家大量投資吸引消費者體驗公司產品和服務。不幸的是，許多消費者嘗試後並沒有產生購買行爲，即使他們對產品印象深刻。

即使嘗試者倍受吸引，仍然存在著許多抵抗因素阻礙著他們再次消費，比如，習慣，惰性懷舊情結或是遺忘因素。許多行銷者爲吸引消費者或寄樣品，或又提供折扣券來吸引消費者進行第一次購買，卻在顧客二次購買時不作任何努力了。許多行銷者就是這樣忽視進行過初次購買後的顧客。

行銷專家早就意識到不能只把精力投在吸引消費者嘗試上，下面的工作是如何把嘗試扭轉爲購買，否則，說服消費者嘗試卻不努力吸引他們購買，就是一種時間的浪費。

郵購經銷商很早就遇到了這個問題，他們在這方面取得了一些成績，郵購商把有一次購買記錄的消費者稱爲：反應者、嘗試者和先行者，有過兩次以上購買記錄的消費者才是顧客、成員和用戶。

一家經營郵寄業務的俱樂部，每年有 100 萬反應者加入俱樂部，他們大多是爲了得到免費的贈送磁帶，這是一種非常普遍的促銷手段，但會員資格和待遇只有那些穩定購買的消費者才能享用。

這種把嘗試者變爲顧客的過程，在郵購業務中稱作扭轉經營，這是經營與顧客直接打交道的公司的重要組成部份，不過許多行業並不能對這個行銷過程予以充分認識。

扭轉經營過程從消費者第一次購買開始，許多郵購公司寄給消費者一個「歡迎」附有一些贈品作爲與消費者建立關係的開始。

MCI 送給您的客戶一個精美的公司簡介；UPS 送給新客戶一個禮品包；家用電器生產商送給新顧客一個精心設計的說明書，告訴顧客怎樣高效使用新購產品，食品生產商大多把烹飪書寄送給顧客，以上是一些簡單而又重覆使用的行銷手段。雖然簡單卻非常適合郵寄，引起顧客注意，得到有用的顧客信息並爲以後的重覆購買作促銷，甚至有助於提高消費額，這些並非最有效的方法，這個領域還有待開拓。

2. 數據庫行銷活動的開展

實現忠誠度有許多可行的計劃，他們都具有兩個功能，對於有過一次購買記錄的消費者來說，他們可以幫助扭轉經營實現；對於重覆消費的顧客來說，他們可以用來加強公司與顧客之間的關係，有效防止品牌改換。

這其中有許多計劃是促銷工具與數據庫行銷方式的結合。最簡單的形式就是向進行多次購買的顧客提供打折優惠，但這種方法無法得到顧客資料，所以，以長期促銷爲目的的計劃和以數據庫行銷爲形式，向顧客郵寄一些物品顯得效果更加著著。這種促銷叫回應即送。

一些商家曾這樣運用這種方法：零售商發給他的顧客一些會員卡，每次購買打折記錄作證 10 次後，顧客即可寄回 10 次購物的記錄，然後商家根據顧客提供的聯繫方法，免費寄回一件同樣的產品。

這一方法存在兩個問題：第一，它會影響那些準備進行第11 次購買的顧客的消費決定，因此減少市場上的銷售量；第二，對於才開始第一次消費的顧客來說，這種方式沒有作用，還有大量沒有考慮長期消費的顧客對這種方法無動於衷。

比較起來，獎勵的形式就比上面這些方法好得多，因爲它有效的避免「賄賂」顧客。如果獎勵品精心選擇和創意能取得意想不到的效果，這是現金無法達到的，獎勵能給顧客更高的感受價值，以其獨特、富有吸引力的特點吸引那些不以省錢爲唯一目的顧客，這種方法可以刺激產品使用，提高產品形象和顧客的自我定位形象，還能幫助商家進行產品定位，而且具有自動升值的特點。

造型獨特用來盛放調味品、黃油、通心粉、甜酒、牛排的器皿、燒烤叉、蒸鍋等都是很好的選擇，它們突出產品個性，爲顧客帶去方便，增加產品附加值。

布萊克•戴克公司是一家經銷垃圾桶的公司，他通過向顧客增送一次性垃圾袋建立一個強大的數據庫，家電生產商就會送一個可隨身攜帶的地圖之類的小玩意；信息諮詢公司送給顧客最新資料；股票經紀人送上一個記錄本或文件夾。無論有形的還是無形的，原則都是一樣。

選擇這些物品是不能只考慮外形和價格，要知道，他們代表了一部份品牌形象；要考慮附著在產品上必須也符合產品顧客這個子市場的人口統計特點和心理特點；能否突出產品特性，既突出自己的價值又能增加產品附加值，都是行銷策劃人士需要考慮的問題。

很多公司建立了一種圍繞其產品的俱樂部觀念，當顧客一旦參與購買或承諾按一定數量購買，或者繳納一定的費用就自動成爲俱樂部會員，會員一樣可以拿獎品目錄，這是會員享有的待遇之一，會員不僅可以得到獎品，重要的是得到了「認知」，認知的形式可以是會員卡證明書或被編入名人錄。

資生堂日本化妝品公司，已經吸收了 1000 萬名成員參加資生堂俱樂部，俱樂部爲會員發放優惠卡，可以在影劇院、旅館以及零售商處得到折扣，同時還有頻繁購買者定額優惠。會員還能免費得到一本刊載有關個人美容等有趣文章的雜誌。任天堂日本電子遊戲公司，已經吸收了 200 萬成員加入任天堂俱樂部，顧客只要每年交納 10 美元會費，就可以每月得到一本《任天堂威力》雜誌，讀者可以預覽和複閱任天堂遊戲，俱樂部還給贏得遊戲的會員一點小獎勵，等等。它們還建立了一個遊戲諮詢電話，有疑問或問題的孩子可以給公司打電話。

旅館地產公司運營著數家旅館，包括四季旅館，而且還擁有硬石咖啡店，其他一些特許經營權，在亞州該公司在所有零售店爲俱樂部持卡會員提供特別優惠，俱樂部成員也能得到獎勵定額，參加生活方式研討會，集會以及其他社區內的遊藝活動。

「口碑」是最有威力的廣告宣傳，這就是爲什麼同樣的支出花在爲緊俏商品作廣告，要比花在普通商品或服務上有效，創造口碑是顧客關係行銷的高級階段。

「口碑」常是自然而然產生的，如果沒有正當的理由，行銷計劃無法產生這樣的效果，商家能採取的行動就是加速消息的傳播，當今行銷壓力促使商家不敢錯失良機，坐等良好的口頭宣傳緩慢傳播。

找朋友計劃又叫發展會員計劃(MGM)，是發展宣導者行銷活動中最常見的形式，一家函授學校對那些幫助學校招來新學員的學生給予學費減免，一些郵寄磁帶俱樂部也向發展新會員的會員提供免費磁帶。航空公司俱樂部許諾老會員如果能鼓勵朋友加入俱樂部的話，他們的消費記錄積分可以加到 2000 分，郵寄箱裏類似這樣的宣傳屢見不鮮，可見這種方式還是頗有生命力和市場效果的。

其實這種方法沒有任何不同尋常的地方，奇怪的是很少大眾廣告製作人利用這個戰術發展市場促銷，但凡用過這種方法的行銷活動都收到了很高的回饋率。

顧客總是把與自己有相似背景的朋友推薦給公司，這大概是這一計劃成功的原因所在，這就相當於公司把產品和服務直接介紹給已知的重覆購買的老顧客，這當然比推銷給完全陌生的消費者來說安全得多，效率也提高得多。比如，公司正在開展新一輪訂閱，發行信用卡或保險單，除非公司充分瞭解新的目標消費者群的信用情況等相關背景，否則是有相當風險的，那麼在這種情況下，公司就不如利用與顧客長期建立的關係向最有盈利能力的老顧客發動功勢了，最有盈利能力的顧客推薦的朋友最有可能爲公司帶來高利潤回報。

MCI 電話公司成功地將「宣導者」理論應用於市場行銷活動，制訂出「朋友和家人」計劃，這一計劃內容是向 MCI 顧客及顧客打出長途電話的受話者提供打折。

這一計劃不僅幫助 MCI 公司維繫了顧客而且贏得了上百萬的新用戶，這是市場行銷人員始料未及的，GIE 等公司紛紛效仿，同樣收到了很好的市場效果，AT&T 公司不得不通過電視廣告大力反擊，提醒 MCI 用戶的朋友不要接受 MCI 公司別有用心的搔擾電話。

某種程度上，這一類促銷計劃與「第三方」行銷策略有相似之處，即公司對某些信用卡持有人或某些銀行的開戶人提供產品或服務時給予特別待遇。比如，只有悉蒂銀行的信用卡持有人才有權力享受孝姆公司的某些旅行服務和價格優惠，利用朋友和家人計劃開展行銷活動的公司有異取同工之處，因爲顧客與生產商和零售商特殊的關係，顧客的朋友和家人也有幸享受到特殊的待遇。

顧客對產品的認可與贊同是公司無形的財富，它以最樸素古老的形式幫助行銷人士贏得促銷的勝利。

一家公司採用郵寄的管道開展宣傳與銷售。行銷者在郵件中加入公司顧客的使用證明信和照片來宣傳產品，結果郵件的反應率提高了 50%。通常情況下，許多消費者認爲這種產品是他們的經濟能力無法接受的，因而產生了抵觸情緒，通過郵件中普通家庭持公司產品消費的照片，消費者自然瞭解到產品的價格水準，公司掌握不同內容的顧客證明信，因此在郵寄時應根據顧客數據庫內容選擇不同的證明信或照片。

那麼，怎樣得到顧客的證明信呢？向他們徵詢意見是一個好辦法，關鍵是向誰徵求意見，這就需要使用數據庫了。通常公司的長期忠實客戶非常願意提供個人意見和使用心得，而他們的證明是最有使用價值的了。

開展「宣導者」計劃仍是數據庫行銷中有待進一步研究的領域，現在，大部份企業和公司致力於贏得新顧客，維護顧客忠誠度以及發展營業推廣，頻繁行銷計劃。隨著數據庫力量的壯大，長期顧客對公司的意義愈來愈重大，公司與企業不僅認識到這些顧客的忠誠度是維繫公司利益的關鍵，並且積極爭取他們的合作參與市場行銷大戰。

圖書出版目錄

下列圖書是由憲業企管顧問（集團）公司所出版，以專業立場，為企業界提供最專業的各種經營管理類圖書。

1. 傳播書香社會，凡向本出版社購買（或郵局劃撥購買），一律 9 折優惠。

   服務電話(02)27622241　(03)9310960　　傳真(02)27620377

2. 請將書款用 ATM 自動扣款轉帳到我公司下列的銀行帳戶。

   銀行名稱：合作金庫銀行　帳號：5034-717-347447

   公司名稱：憲業企管顧問有限公司

3. 郵局劃撥號碼：18410591　郵局劃撥戶名：憲業企管顧問公司

4. 圖書出版資料隨時更新，請見網站　www.bookstore99.com

經營顧問叢書

編號	書名	定價
4	目標管理實務	320 元
5	行銷診斷與改善	360 元
6	促銷高手	360 元
7	行銷高手	360 元
8	海爾的經營策略	320 元
9	行銷顧問師精華輯	360 元
13	營業管理高手（上）	一套 500 元
14	營業管理高手（下）	
16	中國企業大勝敗	360 元
18	聯想電腦風雲錄	360 元
19	中國企業大競爭	360 元
21	搶灘中國	360 元
25	王永慶的經營管理	360 元
26	松下幸之助經營技巧	360 元
32	企業併購技巧	360 元
33	新產品上市行銷案例	360 元
46	營業部門管理手冊	360 元
47	營業部門推銷技巧	390 元
52	堅持一定成功	360 元
56	對準目標	360 元
58	大客戶行銷戰略	360 元
60	寶潔品牌操作手冊	360 元
71	促銷管理（第四版）	360 元
72	傳銷致富	360 元
73	領導人才培訓遊戲	360 元
76	如何打造企業贏利模式	360 元
77	財務查帳技巧	360 元
78	財務經理手冊	360 元
79	財務診斷技巧	360 元
80	內部控制實務	360 元
81	行銷管理制度化	360 元
82	財務管理制度化	360 元
83	人事管理制度化	360 元
84	總務管理制度化	360 元

85	生產管理制度化	360 元
86	企劃管理制度化	360 元
88	電話推銷培訓教材	360 元
90	授權技巧	360 元
91	汽車販賣技巧大公開	360 元
92	督促員工注重細節	360 元
94	人事經理操作手冊	360 元
97	企業收款管理	360 元
100	幹部決定執行力	360 元
106	提升領導力培訓遊戲	360 元
112	員工招聘技巧	360 元
113	員工績效考核技巧	360 元
114	職位分析與工作設計	360 元
116	新產品開發與銷售	400 元
122	熱愛工作	360 元
124	客戶無法拒絕的成交技巧	360 元
125	部門經營計劃工作	360 元
127	如何建立企業識別系統	360 元
129	邁克爾•波特的戰略智慧	360 元
130	如何制定企業經營戰略	360 元
131	會員制行銷技巧	360 元
132	有效解決問題的溝通技巧	360 元
135	成敗關鍵的談判技巧	360 元
137	生產部門、行銷部門績效考核手冊	360 元
138	管理部門績效考核手冊	360 元
139	行銷機能診斷	360 元
140	企業如何節流	360 元
141	責任	360 元
142	企業接棒人	360 元
144	企業的外包操作管理	360 元
145	主管的時間管理	360 元
146	主管階層績效考核手冊	360 元
147	六步打造績效考核體系	360 元
148	六步打造培訓體系	360 元
149	展覽會行銷技巧	360 元
150	企業流程管理技巧	360 元
152	向西點軍校學管理	360 元
153	全面降低企業成本	360 元
154	領導你的成功團隊	360 元
155	頂尖傳銷術	360 元
156	傳銷話術的奧妙	360 元
159	各部門年度計劃工作	360 元
160	各部門編制預算工作	360 元
163	只為成功找方法，不為失敗找藉口	360 元
167	網路商店管理手冊	360 元
168	生氣不如爭氣	360 元
170	模仿就能成功	350 元
171	行銷部流程規範化管理	360 元
172	生產部流程規範化管理	360 元
173	財務部流程規範化管理	360 元
174	行政部流程規範化管理	360 元
176	每天進步一點點	350 元
177	易經如何運用在經營管理	350 元
178	如何提高市場佔有率	360 元
180	業務員疑難雜症與對策	360 元
181	速度是贏利關鍵	360 元
183	如何識別人才	360 元
184	找方法解決問題	360 元
185	不景氣時期，如何降低成本	360 元
186	營業管理疑難雜症與對策	360 元

187	廠商掌握零售賣場的竅門	360 元
188	推銷之神傳世技巧	360 元
189	企業經營案例解析	360 元
191	豐田汽車管理模式	360 元
192	企業執行力（技巧篇）	360 元
193	領導魅力	360 元
197	部門主管手冊(增訂四版)	360 元
198	銷售說服技巧	360 元
199	促銷工具疑難雜症與對策	360 元
200	如何推動目標管理(第三版)	390 元
201	網路行銷技巧	360 元
202	企業併購案例精華	360 元
204	客戶服務部工作流程	360 元
205	總經理如何經營公司(增訂二版)	360 元
206	如何鞏固客戶（增訂二版）	360 元
207	確保新產品開發成功(增訂三版)	360 元
208	經濟大崩潰	360 元
209	鋪貨管理技巧	360 元
210	商業計劃書撰寫實務	360 元
212	客戶抱怨處理手冊(增訂二版)	360 元
214	售後服務處理手冊(增訂三版)	360 元
215	行銷計劃書的撰寫與執行	360 元
216	內部控制實務與案例	360 元
217	透視財務分析內幕	360 元
219	總經理如何管理公司	360 元
222	確保新產品銷售成功	360 元
223	品牌成功關鍵步驟	360 元
224	客戶服務部門績效量化指標	360 元
226	商業網站成功密碼	360 元
227	人力資源部流程規範化管理（增訂二版）	360 元
228	經營分析	360 元
229	產品經理手冊	360 元
230	診斷改善你的企業	360 元
231	經銷商管理手冊(增訂三版)	360 元
232	電子郵件成功技巧	360 元
233	喬・吉拉德銷售成功術	360 元
234	銷售通路管理實務〈增訂二版〉	360 元
235	求職面試一定成功	360 元
236	客戶管理操作實務〈增訂二版〉	360 元
237	總經理如何領導成功團隊	360 元
238	總經理如何熟悉財務控制	360 元
239	總經理如何靈活調動資金	360 元
240	有趣的生活經濟學	360 元
241	業務員經營轄區市場（增訂二版）	360 元
242	搜索引擎行銷	360 元
243	如何推動利潤中心制度（增訂二版）	360 元
244	經營智慧	360 元
245	企業危機應對實戰技巧	360 元
246	行銷總監工作指引	360 元
247	行銷總監實戰案例	360 元
248	企業戰略執行手冊	360 元
249	大客戶搖錢樹	360 元
250	企業經營計畫〈增訂二版〉	360 元
251	績效考核手冊	360 元
252	營業管理實務（增訂二版）	360 元
253	銷售部門績效考核量化指標	360 元
254	員工招聘操作手冊	360 元

255	總務部門重點工作（增訂二版）	360 元
256	有效溝通技巧	360 元
257	會議手冊	360 元
258	如何處理員工離職問題	360 元
259	提高工作效率	360 元
260	贏在細節管理	360 元
261	員工招聘性向測試方法	360 元
262	解決問題	360 元
263	微利時代制勝法寶	360 元
264	如何拿到 VC（風險投資）的錢	360 元
265	如何撰寫職位說明書	360 元
266	企業如何推動降低成本戰略	
267	促銷管理實務〈增訂五版〉	360 元
268	顧客情報管理技巧	360 元
269	如何改善企業組織績效〈增訂二版〉	360 元

《商店叢書》

4	餐飲業操作手冊	390 元
5	店員販賣技巧	360 元
10	賣場管理	360 元
12	餐飲業標準化手冊	360 元
13	服飾店經營技巧	360 元
14	如何架設連鎖總部	360 元
18	店員推銷技巧	360 元
19	小本開店術	360 元
20	365 天賣場節慶促銷	360 元
21	連鎖業特許手冊	360 元
29	店員工作規範	360 元
30	特許連鎖業經營技巧	360 元
32	連鎖店操作手冊（增訂三版）	360 元
33	開店創業手冊〈增訂二版〉	360 元
34	如何開創連鎖體系〈增訂二版〉	360 元
35	商店標準操作流程	360 元
36	商店導購口才專業培訓	360 元
37	速食店操作手冊〈增訂二版〉	360 元
38	網路商店創業手冊〈增訂二版〉	360 元
39	店長操作手冊（增訂四版）	360 元
40	商店診斷實務	360 元
41	店鋪商品管理手冊	360 元
42	店員操作手冊（增訂三版）	360 元
43	如何撰寫連鎖業營運手冊〈增訂二版〉	360 元
44	店長如何提升業績〈增訂二版〉	360 元
45	向肯德基學習連鎖經營〈增訂二版〉	360 元

《工廠叢書》

1	生產作業標準流程	380 元
5	品質管理標準流程	380 元
6	企業管理標準化教材	380 元
9	ISO 9000 管理實戰案例	380 元
10	生產管理制度化	360 元
11	ISO 認證必備手冊	380 元
12	生產設備管理	380 元
13	品管員操作手冊	380 元
15	工廠設備維護手冊	380 元
16	品管圈活動指南	380 元
17	品管圈推動實務	380 元

20	如何推動提案制度	380 元
24	六西格瑪管理手冊	380 元
29	如何控制不良品	380 元
30	生產績效診斷與評估	380 元
32	如何藉助 IE 提升業績	380 元
35	目視管理案例大全	380 元
38	目視管理操作技巧(增訂二版)	380 元
40	商品管理流程控制(增訂二版)	380 元
42	物料管理控制實務	380 元
43	工廠崗位績效考核實施細則	380 元
46	降低生產成本	380 元
47	物流配送績效管理	380 元
49	6S 管理必備手冊	380 元
50	品管部經理操作規範	380 元
51	透視流程改善技巧	380 元
55	企業標準化的創建與推動	380 元
56	精細化生產管理	380 元
57	品質管制手法〈增訂二版〉	380 元
58	如何改善生產績效〈增訂二版〉	380 元
59	部門績效考核的量化管理〈增訂三版〉	380 元
60	工廠管理標準作業流程	380 元
61	採購管理實務〈增訂三版〉	380 元
62	採購管理工作細則	380 元
63	生產主管操作手冊(增訂四版)	380 元
64	生產現場管理實戰案例〈增訂二版〉	380 元
65	如何推動 5S 管理（增訂四版）	380 元
66	如何管理倉庫（增訂五版）	380 元
67	生產訂單管理步驟〈增訂二版〉	380 元
68	打造一流的生產作業廠區	380 元
69	如何提高生產量	380 元

《醫學保健叢書》

1	9 週加強免疫能力	320 元
2	維生素如何保護身體	320 元
3	如何克服失眠	320 元
4	美麗肌膚有妙方	320 元
5	減肥瘦身一定成功	360 元
6	輕鬆懷孕手冊	360 元
7	育兒保健手冊	360 元
8	輕鬆坐月子	360 元
10	如何排除體內毒素	360 元
11	排毒養生方法	360 元
12	淨化血液　強化血管	360 元
13	排除體內毒素	360 元
14	排除便秘困擾	360 元
15	維生素保健全書	360 元
16	腎臟病患者的治療與保健	360 元
17	肝病患者的治療與保健	360 元
18	糖尿病患者的治療與保健	360 元
19	高血壓患者的治療與保健	360 元
21	拒絕三高	360 元
22	給老爸老媽的保健全書	360 元
23	如何降低高血壓	360 元
24	如何治療糖尿病	360 元
25	如何降低膽固醇	360 元
26	人體器官使用說明書	360 元

27	這樣喝水最健康	360 元
28	輕鬆排毒方法	360 元
29	中醫養生手冊	360 元
30	孕婦手冊	360 元
31	育兒手冊	360 元
32	幾千年的中醫養生方法	360 元
33	免疫力提升全書	360 元
34	糖尿病治療全書	360 元
35	活到 120 歲的飲食方法	360 元
36	7 天克服便秘	360 元
37	爲長壽做準備	360 元
38	生男生女有技巧〈增訂二版〉	360 元
39	拒絕三高有方法	360 元

《培訓叢書》

4	領導人才培訓遊戲	360 元
8	提升領導力培訓遊戲	360 元
11	培訓師的現場培訓技巧	360 元
12	培訓師的演講技巧	360 元
14	解決問題能力的培訓技巧	360 元
15	戶外培訓活動實施技巧	360 元
16	提升團隊精神的培訓遊戲	360 元
17	針對部門主管的培訓遊戲	360 元
18	培訓師手冊	360 元
19	企業培訓遊戲大全（增訂二版）	360 元
20	銷售部門培訓遊戲	360 元
21	培訓部門經理操作手冊（增訂三版）	360 元
22	企業培訓活動的破冰遊戲	360 元
23	培訓部門流程規範化管理	360 元

《傳銷叢書》

4	傳銷致富	360 元
5	傳銷培訓課程	360 元
7	快速建立傳銷團隊	360 元
9	如何運作傳銷分享會	360 元
10	頂尖傳銷術	360 元
11	傳銷話術的奧妙	360 元
12	現在輪到你成功	350 元
13	鑽石傳銷商培訓手冊	350 元
14	傳銷皇帝的激勵技巧	360 元
15	傳銷皇帝的溝通技巧	360 元
17	傳銷領袖	360 元
18	傳銷成功技巧（增訂四版）	360 元

《幼兒培育叢書》

1	如何培育傑出子女	360 元
2	培育財富子女	360 元
3	如何激發孩子的學習潛能	360 元
4	鼓勵孩子	360 元
5	別溺愛孩子	360 元
6	孩子考第一名	360 元
7	父母要如何與孩子溝通	360 元
8	父母要如何培養孩子的好習慣	360 元
9	父母要如何激發孩子學習潛能	360 元
10	如何讓孩子變得堅強自信	360 元

《成功叢書》

1	猶太富翁經商智慧	360 元
2	致富鑽石法則	360 元
3	發現財富密碼	360 元

《企業傳記叢書》

1	零售巨人沃爾瑪	360 元

2	大型企業失敗啓示錄	360 元
3	企業併購始祖洛克菲勒	360 元
4	透視戴爾經營技巧	360 元
5	亞馬遜網路書店傳奇	360 元
6	動物智慧的企業競爭啓示	320 元
7	CEO 拯救企業	360 元
8	世界首富　宜家王國	360 元
9	航空巨人波音傳奇	360 元
10	傳媒併購大亨	360 元

《智慧叢書》

1	禪的智慧	360 元
2	生活禪	360 元
3	易經的智慧	360 元
4	禪的管理大智慧	360 元
5	改變命運的人生智慧	360 元
6	如何吸取中庸智慧	360 元
7	如何吸取老子智慧	360 元
8	如何吸取易經智慧	360 元
9	經濟大崩潰	360 元
10	有趣的生活經濟學	360 元

《DIY 叢書》

1	居家節約竅門 DIY	360 元
2	愛護汽車 DIY	360 元
3	現代居家風水 DIY	360 元
4	居家收納整理 DIY	360 元
5	廚房竅門 DIY	360 元
6	家庭裝修 DIY	360 元
7	省油大作戰	360 元

《財務管理叢書》

1	如何編制部門年度預算	360 元
2	財務查帳技巧	360 元
3	財務經理手冊	360 元
4	財務診斷技巧	360 元
5	內部控制實務	360 元
6	財務管理制度化	360 元
8	財務部流程規範化管理	360 元
9	如何推動利潤中心制度	360 元

爲方便讀者選購，本公司將一部分上述圖書又加以專門分類如下：

《企業制度叢書》

1	行銷管理制度化	360 元
2	財務管理制度化	360 元
3	人事管理制度化	360 元
4	總務管理制度化	360 元
5	生產管理制度化	360 元
6	企劃管理制度化	360 元

《主管叢書》

1	部門主管手冊	360 元
2	總經理行動手冊	360 元
4	生產主管操作手冊	380 元
5	店長操作手冊（增訂版）	360 元
6	財務經理手冊	360 元
7	人事經理操作手冊	360 元
8	行銷總監工作指引	360 元
9	行銷總監實戰案例	360 元

《總經理叢書》

1	總經理如何經營公司(增訂二版)	360 元
2	總經理如何管理公司	360 元
3	總經理如何領導成功團隊	360 元

4	總經理如何熟悉財務控制	360 元
5	總經理如何靈活調動資金	360 元

《人事管理叢書》

1	人事管理制度化	360 元
2	人事經理操作手冊	360 元
3	員工招聘技巧	360 元
4	員工績效考核技巧	360 元
5	職位分析與工作設計	360 元
7	總務部門重點工作	360 元
8	如何識別人才	360 元
9	人力資源部流程規範化管理（增訂二版）	360 元
10	員工招聘操作手冊	360 元
11	如何處理員工離職問題	360 元

《理財叢書》

1	巴菲特股票投資忠告	360 元
2	受益一生的投資理財	360 元
3	終身理財計劃	360 元
4	如何投資黃金	360 元
5	巴菲特投資必贏技巧	360 元
6	投資基金賺錢方法	360 元
7	索羅斯的基金投資必贏忠告	360 元
8	巴菲特爲何投資比亞迪	360 元

《網路行銷叢書》

1	網路商店創業手冊〈增訂二版〉	360 元
2	網路商店管理手冊	360 元
3	網路行銷技巧	360 元
4	商業網站成功密碼	360 元
5	電子郵件成功技巧	360 元
6	搜索引擎行銷	360 元

《企業計畫叢書》

1	企業經營計劃	360 元
2	各部門年度計劃工作	360 元
3	各部門編制預算工作	360 元
4	經營分析	360 元
5	企業戰略執行手冊	360 元

《經濟叢書》

1	經濟大崩潰	360 元
2	石油戰爭揭秘(即將出版)	

當市場競爭激烈時：

培訓員工，強化員工競爭力是企業最佳對策

「人才」是企業最大的財富。如何提升人才，是企業永續經營、戰勝對手的核心競爭力。積極培訓公司內部員工，是經濟不景氣時期的最佳戰略，而最快速的具體作法，就是**「建立企業內部圖書館，鼓勵員工多閱讀、多進修專業書籍」**

建議您：請一次購足本公司所出版各種經營管理類圖書，作為貴公司內部員工培訓圖書。 使用率高的（例如「贏在細節管理」），準備 3 本；使用率低的（例如「工廠設備維護手冊」），只買 1 本。

如何藉助流程改善，
提升企業績效呢？

敬請參考下列各書，內容保證精彩：

- 企業流程管理技巧（360 元）
- 工廠流程管理（380 元）
- 商品管理流程控制（380 元）
- 如何改善企業組織績效（360 元）

上述各書均有在書店陳列販賣，若書店賣完，而來不及由庫存書補充上架，請讀者直接向店員詢問、購買，最快速、方便！

請透過郵局劃撥購買：

郵局戶名：憲業企管顧問公司

郵局帳號：18410591

經營顧問叢書 ㉖⑧　　售價：360 元

顧客情報管理技巧

西元二〇一一年八月　　初版一刷

編著：李宗南　蕭智軍

策劃：麥可國際出版有限公司（新加坡）

編輯：蕭玲

校對：洪飛娟

發行人：黃憲仁

發行所：憲業企管顧問有限公司

電話：(02) 2762-2241　(03) 9310960　0930872873

臺北聯絡處：臺北郵政信箱第 36 之 1100 號

銀行 ATM 轉帳：合作金庫銀行　帳號：**5034-717-347447**

郵政劃撥：**18410591　憲業企管顧問有限公司**

江祖平律師顧問：紙品書、數位書著作權與版權均歸本公司所有

登記證：行政業新聞局版台業字第 6380 號

本公司徵求海外版權出版代理商（0930872873）

本圖書是由憲業企管顧問（集團）公司所出版，以專業立場，為企業界提供最專業的各種經營管理類圖書。

圖書編號 ISBN：978-986-6084-17-1